Behavioural Addiction

行為上癮

從心理學、經濟學、社會學、行銷學的角度，
完全解析智能社會下讓你
入坑、欲罷不能、難以自拔的決策陷阱。

何聖君——著

前言

我想幫助你擺脫「魔咒」，重獲自由

如果你擁有了這本書，我想你至少是一個希望自己不斷變得更好的人。或許正是這個原因，使得冥冥中有一股力量，推動你翻開本書，讓我們對話。

在開始閱讀本書之前，我需要你想像一下：

現在，你的面前有一個按鈕，按下這個按鈕，手機就會傳來一條訊息，告訴你，你的銀行帳戶入帳一百元[1]，你一查帳，果真多了一百元；再按一下，你的帳戶又入帳一百元。

如果四下無人，你會不會去按第三下、第四下，甚至更多下？

是的，每個人都一樣，按下按鈕後的一百元入帳，會獎勵你的大腦，讓你產生愉悅感，而這種愉悅感則會反過來激勵你，讓你不停地按，不停地按。

這就是行為上癮。

我們每天都在滑手機、玩遊戲、看朋友的動態，這些行為看起來是我們主動為之。事實上，在我們這個時代，有越來越多「優秀」的產品經理，他們對你設下一個又一個的局，讓你把注意

1　如無特別說明，本書幣值皆為人民幣，目前人民幣與新台幣匯率約為一比四．三。

力和時間都耗在這裡。

不過，要想破局，必先識局。

因此，這是一本幫助你「識局」的書，它將讓你瞭解產品經理們的手段，並使你在看清楚這些手段後，可以繞開甚至利用這些「局」，成為一個真正能掌控自己注意力、掌控自己時間，直到掌控自己人生的人。

這本書將會帶給你什麼呢？

全書內容分成三個階段：

第一階段：介紹什麼是行為上癮，其中特意安排了一些有趣的案例，讓你學習起來更輕鬆。

第二階段：所有上癮行為中都隱藏著六種原理，商品行銷們就是充分利用這六種核心原理來緊緊抓住你。清楚理解他們，就彷彿得到了這個時代的「九陰真經」，你對他們的招式越了然於胸，對這些誘惑的免疫能力就越強，甚至在看到這些熟悉的手段後，還能夠對此免疫，會心一笑，優雅繞開。

第三階段：當你掌握了這些原理，是時候讓我們把行為上癮反過來使用了。這裡會詳細說明怎麼把它們運用在我們的學習、工作和教育上。

透過閱讀此書，你會馬上發現人生居然可以多出那麼多時間，而這些時間將是你超越身邊大多數人的資本。

上面這三個模組所講的，是現在的我，最想告訴「二十歲、三十歲那個我」的幾件事。

二十歲時，我雖然有閱讀的愛好，但有更多時間都花在電腦裡的網路遊戲，所以直到工作五年後，仍舊只是個非常普通，在老闆面前完全不起眼的小男生。

三十歲時，雖然陸陸續續寫出了八萬字的初稿，但明明想要把時間花在修改初稿上，卻依舊忍不住被一部又一部的美劇、網路小說吸引，結果那份初稿最後無疾而終。

今天，我因為偶然間獲悉了行為上癮的規律，而完全變成了另外一個人。

不管週末還是假日，我每天五點準時起床，五點到六點就是我無人打擾，閱讀和寫作的時間。在過去的三年裡，我透過不斷輸入輸出，以平均每年出版一本書的速度，成為了我二十歲、三十歲時無法想像的模樣（你正在看的這本讀物，就是我的第三本書）。

我相信，你也一定會在這本書中，看到自己的影子，看到自己的蛻變，看到自己透過時間的累積真正變得更好。

閱讀《行為上癮》的過程，其實就是幫助你擺脫「魔咒」，重獲自由的過程。

讓我們一起開始這趟旅程吧，你終將成為那個「拿得起，放得下」的自己！

最後，請允許我借此機會感激對我幫助極大的各位同仁與為本書傾注心血的編輯們。

也將此書獻給我今年九歲的兒子何昊倫，希望這本書能陪伴你，讓你充分學會掌控自己，成為一個優秀的人。

二〇一九年十月二十日清晨五點五十七分

何聖君

目錄

行為上癮是怎麼影響我們的

我們要如何擺脫行為上癮

什麼是行為上癮

從本章開始，我會以一種全新的視角，帶你突破以往對於上癮的認知，讓你用最快的速度，重新理解上癮到底是怎麼一回事。

Chapter 1

你的注意力，正在行為上癮「受控中」？

01 真相——是什麼讓你拿得起卻放不下

為什麼明知道有重要的事情要做，卻仍舊捨不得放下手機？

什麼是快樂中樞？

什麼又是行為上癮？

〈01〉

你有沒有過這樣的經驗：明明計畫待會要看書，但剛吃完飯有點累，想著看個影片放鬆一下，這一滑就是半小時，再一滑，一個晚上就這樣過去了；想在網上搜尋一份資料，卻突然被推薦的新聞標題吸引，點進去看完一篇，剛準備關掉頁面，又被底部推薦的另外一個標題給吸引了；偶然看到朋友的動態放了一張遊戲截圖，想想自己也來一局吧，結果一局又一局，每次結束時，總想著這局一定是最後一局。

為什麼會這樣？為什麼自己的行為彷彿不受控制？

不知從何時起，「行為上癮」這個話題越來越受到關注，不僅是青少年，就連很多「職場老鳥」都未能倖免。

我們驚愕地發現，自己的身體和意志好像有種詭異的抽離，理性上明明知道自己應該怎麼做才是對的，也不停產生罪惡感，但內心的「小惡魔」幾乎每次都能戰勝「小天使」，讓我們繼續做「錯」的事，沉迷，沉醉，以至於停不下來……

別驚慌，其實你並不孤單。資料顯示，二〇一七年底，某新聞閱讀APP上約一．二億用戶平均每日閱讀時間為七十四分鐘，累計起來的時間長達一萬六千八百九十四年，相當於每天都有一個原始人從史前看新聞一直看到現在。

同屬「眼球經濟」的某個影片APP，使用者數量和社會影響力更是驚人，目前每日活躍數量甚至超過一．五億，會員日均使用時長更是高達七十六分鐘，難怪有網友會戲謔地說：「『抖音』五分鐘，人間三小時[1]。」

是的，無線網路時代為我們帶來了史無前例的便利，讓我們在零碎時間裡都能隨時連線，隨時娛樂。但同時，這種方便也為我們帶來了各式各樣的行為上癮，面對行為上癮，我們到底該怎麼控制自己呢？

美國心理作家凱莉．麥高尼格說：想要成功的自制，你必須知道自己為何失敗。

同樣的，為了弄清楚我們為什麼會如此沉溺於「滑手機」，首先需要理解，到底是什麼機制導致了我們每天沉溺於「滑手機」，任時間在指尖流逝。

---

1 網路常用句，指對一款錄製音樂短片的社群APP「抖音」中毒，一玩就停不下來。

〈02〉

為了理解你和你的大腦到底是誰在控制誰，讓我們一起來看看當年轟動一時的奧爾茲電擊老鼠實驗。

最初，美國心理學家詹姆斯．奧爾茲的用意是研究腦部電刺激對學習的影響，他想要觀察老鼠被刺激後是否會引發任何厭惡的感覺，阻撓學習的進行，但正如蘇東坡誤打誤撞發明東坡肉，弗萊明意外發現了盤尼西林一樣，奧爾茲也正因這次機緣巧合，成就了他此生中的最大成就——發現了生物的「快樂中樞」。

一九五四年，奧爾茲在老鼠的腦袋埋入電極，每當老鼠無意間按壓實驗裝置中的小推板時，大腦就會遭受電擊，然後絕大多數的老鼠會不約而同地退到遠離小推板的位置，這表明牠們十分厭惡甚至害怕。這個反應符合奧爾茲的預期，他對此非常滿意。

但讓人驚訝的是，三十四號老鼠居然不吃這一套，牠非但在箱子裡活蹦亂跳，還示威似的瘋狂按壓小推板，任電流在牠小小的腦袋中橫衝直撞，彷彿在說：「看吧！我不怕！」

這讓奧爾茲感到非常奇怪，但研究還是要繼續，奧爾茲和他的夥伴米爾納商量後決定增加觀察強度，緊盯三十四號老鼠的一舉一動。結果令人非常吃驚。

其他老鼠每小時才按壓幾次推板，而三十四號老鼠則每五秒就去按壓一次，彷彿著了魔一般。經計算，牠在十二小時內按壓小推板多達六、七千次，甚至就算實驗人員端來小托盤、食物和水，牠也不理不睬，執拗地保持著按壓小推板的動作，直至精疲力竭，最終死去。

〈03〉

是這小傢伙的大腦有什麼特異嗎？

正當米爾納準備換三十五號老鼠上陣重複試驗時，奧爾茲提出了一個令人醍醐灌頂的假設：三十四號老鼠哪是什麼示威？牠分明是在享受電擊的刺激啊！

從三十四號老鼠大腦裡取出的電極證明了奧爾茲假設成立的可能性很大。這多虧了植入過程中的一個小失誤。原來，他們把電極裝錯了位置，探針彎了，本來計畫對準老鼠的中腦，現在卻碰觸到牠大腦的另一個區域。

實驗經驗豐富的奧爾茲立刻開始著手用電極刺激三十五號老鼠的這個區域。結果，同樣的上癮行為果然再次出現，三十五號老鼠也立刻成為按壓推板的「瘋狂老鼠」，同樣拒絕實驗人員提供的小托盤、食物和水，最終力竭而亡。

奧爾茲和米爾納將他們的發現稱為大腦的「快樂中樞」。後來的神經科學家發現，當年奧爾茲和米爾納發現的並不是快樂中樞，而是一種「獎勵」系統——他們刺激的區域是大腦最原始動力系統的一部分。

這個系統逐步進化，驅使我們採取行動、消耗體能。小白鼠之所以不停按壓推板，寧可遭到電擊，甚至不吃不喝也要刺激自己，是因為每當大腦中的這個區域受到刺激，大腦便會告訴牠們：「再來一次！這次一定會讓你感覺更好！」而每次刺激都會讓小白鼠想尋求更多的刺激，但刺激本身並不會帶來滿足感。

奧爾茲在美國精神醫學學會獲獎後，一九六〇年，另一位精神學家羅伯特・G・希斯借鑒了奧爾茲的方法，他嘗試使用一種方法來治療抑鬱症患者——在他們的腦部植入電極。

雖然在實驗過程中，幾乎所有病人都聲稱感覺棒極了，甚至也會像三十四號小老鼠一樣，每隔一段時間就會去按壓電極的開關，讓自己保持興奮。但讓人遺憾的是，一旦鬆開開關，伴隨著愉悅感的消逝，這種刺激「快樂中樞」的方式並未給抑鬱症患者帶來長效的療癒，甚至有不少患者變得更抑鬱了。他們會想方設法懇求希斯醫生重新替自己植入電極，以讓他們保持這種快樂的感覺。

不過，希斯醫生的失敗實驗卻恰恰證明了人類同樣存在「快樂中樞」，而且人類也和老鼠一樣，總是有足夠的動機去刺激「快樂中樞」。

〈04〉

說了那麼多關於奧爾茲和希斯醫生的實驗，其實就是想告訴你，你每天滑手機時看的影片、新聞、遊戲，和這根插在三十四號老鼠腦中的電極是一樣的——它們都一次次地在刺激你的「快樂中樞」——只不過是用了另一種方式，但效果都是一樣的，讓你的大腦覺得很「爽」，「爽」到捨不得停下來。

就算在你從上一篇到下一篇，上一局到下一局的間隙中，理性好不容易發出一點聲音，但往往會被巨大的快感給掩埋。直到時間已經過去很久，你終於從「夢」中醒來，才發現還有一堆重要的事情等你去做。

沒錯，這正是典型的行為上癮（Addictive Behaviors）症狀，這種症狀會讓你形成這種額外的、超乎尋常的嗜好和習慣，換句話說就是——「做了還想做。」

好了，當你現在理解了行為上癮後自控為什麼會失敗，在一定程度上就已經產生了警醒，就像知道前面有陷阱時，我們總會小心翼翼；掉進去一次，我們就有很大的機會避免掉進去第二次。

從下面的章節開始，我們將進行一次思維領域的發現之旅，希望這次旅行能夠幫助你對行為上癮有更多的認知和理解。

這些認知包括：行為上癮有哪些；為什麼設計師可以設計出這麼多讓你產生行為上癮的商品；行為上癮和以前傳統意義上的生物性上癮有什麼不一樣？

接著，會為你介紹行為上癮的六大原理，對原理的洞悉能幫助你產生行為上癮的抗性，就彷佛遇到危險時，電腦系統會在你眼前彈出一個視窗，然後問你是選擇在行為上癮還沒有被觸發時陷進去，還是完美地繞開。

理解這六大原理，你將能夠在遇到類似情況時提高警惕。

本書第三部分將會教給你一些擺脫行為上癮的技巧，這些技巧不僅僅會教你如何擺脫行為上癮，更能幫你培養很多良好習慣，甚至還會教你如何使用行為上癮的機制進行科學減脂，把枯燥的工作變成遊戲等等。

這些生活智慧可以讓你在上癮輪迴裡從被動轉為主動，理性、充分地掌控自己。

現在，這趟思維旅行的列車馬上就要發車了，準備好了嗎，讓我們開始吧！

02 認知——你可能不知道，這些行為都是上癮

商界「大佬」和普通人，誰的賭癮更大？
到底是我們在玩遊戲，還是遊戲在玩我們？
為什麼會有人把手機綁在狗的身上？

〈01〉

這一節的主題是：行為上癮有哪些？

大家一定知道毒癮，在中國近代史上，我們都知道鴉片戰爭的主角——鴉片。關於鴉片，人人都知道它是一種毒品，不但危害世人，而且讓當時的道光皇帝沉迷其中，甚至還在閒暇時賦詩一首，表達吸食鴉片後帶來那耳聰目明、神清氣爽的體驗。

毒品之所以會讓人覺得神清氣爽，是因為人腦會分泌一種叫作腦內啡的物質，這種物質會帶給人快感。

毒品進入人體後，腦內啡會被瘋狂複製，這種複製將人的快感推至高潮。但這種快感是以大量消耗體內氧元素、破壞正常供氧機制為代價，所以一旦停止吸食毒品，體內血液就會處於凝滯狀態，讓人感受到臨近死亡的體驗，繼而逼迫人再次吸食毒品，循環往復，就形成了所謂的

毒癮。

行為上癮雖然不會像毒癮那樣讓人產生死亡般的體驗，但它和毒品一樣，都會產生讓人難以抵禦的癮頭，這種癮頭會促使人一而再，再而三地去做某件事情，其危害性甚至不亞於毒品，比如——賭癮。

〈02〉

自古以來賭癮造成了很多妻離子散、家破人亡的悲劇。在今天，就算事業上再成功的人，依舊會毀於賭癮。

知名企業雷士照明的創辦人吳長江因為賭博輸掉了一切。吳長江曾經用十一年的時間把雷士照明做到了中國第一，然而，就是因為賭癮，這位昔日的成功人士身上背負了四億賭債，每月需要償還的利息高達上千萬元。終於在二〇一六年十二月，吳長江因挪用資金和職務侵佔罪，被判處有期徒刑十四年。

賭博上癮以致於家破人亡的事情發生在小人物身上還好理解，因為一般人可能會覺得他們往往沒有受過良好的教育，不懂機率學、統計學，不知道賭場設計賭博遊戲的規則，所以他們總是輸。但發生在像吳長江這樣的人身上，說明了賭癮真的害人。

吳長江並非等閒之輩，他是照明業第一個推行專賣店模式的人，與兩位合夥人決裂後，因為其人格魅力，受到全體供應商力挺而屹立不倒，帶領雷士照明實現了中國照明企業的國際化。

你可能會說，吳長江是傳統企業的昔日明星，而傳統企業的公關策略向來會與賭博稍稍沾些邊，所以不足為信。網路才代表企業界的未來，其中的領軍人物以七〇、八〇後居多，應該不會有類似陋習吧。

如果你這麼想，那可就大錯特錯了，賭癮和行業無關，更和年齡無關。原「人人網[2]」負責人，十六歲就考上清華大學的八〇後天才少年許朝軍，同樣因涉嫌賭博罪於二〇一七年七月被捕，網路戲稱為「一個前半生就把運氣用完了的人」。

〈03〉

除了賭癮，還有遊戲之癮。

以前玩遊戲必須使用電腦，在個人電腦開始盛行的時代，最成功的網路連線遊戲非「魔獸世界」莫屬。自從二〇〇五年進入中國市場後，這款遊戲就以全新的遊戲方式——第一人稱，獨特的設計以及副本[3]系統「圈粉」無數。

---

2 中國的社交網路平台，類似Facebook。

3 副本（Instance dungeon）：網路遊戲用語，指的是在遊戲主故事線外可以另開一條個人化的支線故事、創造更多體驗。

為了和朋友們一起下副本，很多人可以坐在一張椅子上完成一日三餐。為了在戰場上刷取「榮譽點數」，換取「史詩裝備」和「坐騎」，玩家會和遊戲公會將來自各城市的成員組成多人小隊，有組織、有計畫地進行作戰方案。

網咖裡通宵達旦的人也不在少數，甚至還有高中生因為沉迷於這款遊戲而放棄考試。有人就在網上發問：到底是我們在玩遊戲，還是遊戲在玩我們？

二〇一一年後，中國進入行動上網時代，網路從撥接漸漸轉為光纖，遊戲也從PC端轉移到了行動手機端。在地鐵上因為沉浸於「王者榮耀」而坐過站只是小菜一碟；有些人甚至在馬路上一邊行走一邊玩手機，因不看路而危及公共安全；更不用說那些因為玩手遊而一腳踏空，失足墜入電梯井丟掉性命的人。

遊戲上癮讓一代人沉溺其中，逼得很多中國父母將有網癮的孩子送到違背人道的「網戒中心」接受電擊治療。

〈04〉

你以為逃過了遊戲之癮，就逃得過社交媒體上癮嗎？

最初人們使用微信[4]，是因為比起電信營運商的簡訊，可以免費把資訊傳遞給對方。但向來信奉「小步試錯，快速反覆運算」的騰訊，顯然不僅僅滿足於此。在「朋友圈」「微信紅包」「微信運動」等功能陸續上線後，人們已經習慣了時不時打開微信看上兩眼，這實際上已經成為一種強迫行為模式。

人們熱衷於朋友圈點讚和評論其實是有一定道理的，因為這會促使大腦分泌腦內啡。許多人可能剛發了一條微信朋友圈，不一會就會頻繁打開看看，到底有多少人幫自己點讚並留下評論。

「微信紅包」也是一個能把人的注意力留在微信群裡的「大殺器[5]」，現在很多人每逢佳節不是倍思親，而是緊盯著群裡的紅包，生怕錯過「一個億[6]」。

「微信運動」更是激發了人們的比較心理。為了讓自己每天的微信步數能排到前面，有人會刻意增加散步時間，還有人把手機綁在狗的身上，讓寵物替自己走路增步，甚至有人會刪掉當天步數比自己多的好友，第二天再加回來。

有學者指出，社交媒體上癮已經讓我們成為「異化[7]」的人。

我們還需要注意的是，行為上癮在這個多元化的時代也有一定的個性化趨勢，除了賭癮、遊戲上癮、社交媒體上癮外，還有影片上癮、資訊上癮等等。有些人熱衷看某一類的新聞，一看就是一上午；有人滑短影片滑得停不下來；有人沉迷網路小說與社會隔絕……

---

4 中國騰訊公司開發的即時通信軟體。

5 網路用語，是「大規模殺傷性武器」的簡稱。

6 中國流行用語，出自萬達集團董事長在受訪時，建議年輕人要訂定目標，比方先賺「一個億」。

7 異化（Entfremdung）：源於馬克思提出的概念，指原本自然互屬的兩者間相互對立分離。

為什麼現在我們好像做什麼都會上癮？

這是因為當你沉浸在上癮的快樂時，這個世界正在設計更多能讓你上癮的產品，它們正躲在暗處，準備慢慢地「俘虜」你。

03 趨勢——「上癮式設計」，正在奪走你的時間和精力

為什麼說未來商業競爭是時間的戰場？
什麼是七次法則？
為什麼有些產品設計會讓使用者心甘情願花時間看廣告？

〈01〉

資深媒體人、《羅輯思維》創始人羅振宇在他一年一度的跨年演講中曾經有一個斷言：「未來商業的戰場是搶佔使用者時間。因為隨著網路流量紅利時代的結束，市場節奏已經從原來的『增量市場』轉變為需要去主動挖掘存量使用者價值的『存量市場』。」

與此同時，由於每個人每天的時間都是恒定不變的，那麼所有中國人加起來的時間總和，就變成了一個非常有意思的概念——國民總時間（GDT，這個概念是相較於國內生產毛額GDP而言）。

而各種商業組織為了獲得存量市場中的使用者價值，就不得不在時間的戰場上想方設法從國民總時間（GDT）裡搶奪屬於自己的份量，然後從戰術上設計打法來搶奪使用者的時間，牢牢地把使用者的注意力和時間消耗在自己設計好的內容中，最終再透過各種辦法將其轉變成企業想

要的經濟價值。

聽起來似乎繞了個大彎，而且還有點玄。那麼，商業組織到底是怎樣把使用者的時間變成金錢的呢？

實現的方式有很多，最簡單的是廣告。在電視時代，每天晚上八點的連續劇叫作「黃金檔」，因為這個時間通常大家剛剛吃完飯、收拾好，坐下來休息。此時，如果有一部吸引人的電視劇，收看的人就會特別多，而這個時候如果能插播一段廣告，無論對品牌方的傳播還是轉化，都會產生巨大的作用。

看過那麼多廣告，卻從來沒有思考過廣告背後的商業邏輯。沒關係，下面和你簡單講講廣告變現的原理。

〈02〉

廣告之所以能有巨大的作用，是因為在行銷界，存在一種非常有意思的心理現象——「七次法則」。意思是說，一個消費者要連續七次看到你的品牌或者產品資訊，才會開始產生一定的信任，這種信任將有利於你的企業展開後續商業活動，最終有效增加消費者發生購買行為的機率。

比如，你在超市準備買一瓶洗髮精，貨架上有四種不同品牌，你會下意識地選擇哪個品牌？相信絕大多數消費者會選擇把最熟悉的那一款放進購物車。

又比方說，全家便利商店，雖然說它現在非常知名，但實際上，它在剛進入中國市場時，也曾面臨過一個抉擇：要在全國遍地開花，還是先集中力量打下某個區域市場？

最後，全家便利商店選擇了在一定區域密集開店的打法，這樣做的好處是消費者會在馬路上相隔不遠處就能看到一家全家便利商店——它們既是店鋪，又是廣告，消費者看多了之後自然就滿足了「七次法則」的條件，再配上「全家就是你家」的口號，一下子拉近了品牌與消費者之間的親近感，讓人們在有需要的時候，自然就會選擇去全家便利商店消費。

所以，廣告擁有強力作用是個不爭的事實。讓消費者產生行為上癮，進而把時間消耗在產品上，然後在適當時機插播一則廣告，是當下廣告界最流行的方式之一。

〈03〉

另外，我們還需要知道這些「討厭的」商品行銷實際上是如何設計行銷模式，從而一步步使消費者與他們的產品產生黏著度，讓消費者心甘情願花時間看廣告。

如果你現在打開新出的遊戲類APP（安裝在智慧手機上的軟體），就會發現它們普遍都有這個特點：遊戲裡會存在兩種貨幣體系，如一種是鑽石，另一種是金幣。鑽石可以換金幣，但金幣不能換鑽石。在體驗遊戲時，如果你想讓自己的角色升級更快、裝備更厲害，那麼，擁有稀有貨幣（也就是鑽石）自然是必不可少的。

但鑽石數量有限，每天完成所有任務也只能拿少許鑽石，那怎麼辦？行銷團隊設計了這麼一個功能，叫作「看廣告，得鑽石」。消費者每看一個廣告可以獲得二十個鑽石，而且每個廣告的時間也不長，最短十五秒，最長三十秒。

廣告下方還有進度條，可以給消費者一個廣告時間心理預期，盡可能防止消費者點開廣告後去做其他事。

更厲害的是，這些行銷團隊個個都是心理學高手，深知「稀少性」對消費者的致命誘惑，所以每天讓你「看廣告，得鑽石」的機會並不多，只有五次機會，看完後就算你再想看也沒了！這會讓你乖乖看完五個廣告，拿到一百個系統獎勵的鑽石後，帶著意猶未盡的感覺期待明天的廣告。

這個環節的設置讓遊戲開發者光靠廣告費就能賺得盆滿鉢滿，更不用說很多遊戲還有其他賺錢的管道，如「皮膚」等等。

〈04〉

是的，你沒看錯，皮膚也能賺錢！而且賺得特別多！

遊戲皮膚是很多對戰類遊戲中改變遊戲角色外形的一種道具，由於皮膚的購買並未使角色的遊戲屬性發生大幅變化，因此，不會破壞普通玩家和「課金」玩家（也就是花很多錢玩這款遊戲的玩家）之間的平衡，所以從來沒有出現過遊戲開發者因為「賣皮膚」而遭受遊戲玩家抵制的新聞。

各種限量款、限時折扣的皮膚，往往會透過數量和時間限定這兩種行銷心理手法，定期在喜愛這款遊戲角色的玩家眼前呈現。「一頓叫外送的錢，就能終身擁有這款讓人羨慕的皮膚」，這在很大程度上滿足了人的求異心理和收集癖好，讓廣大玩家見之心動。

如果你從來沒有玩過類似的遊戲，可能猜不到，某手遊中一款以三國英雄趙雲為遊戲角色的當紅皮膚，一天收入居然可以達到上億元人民幣，實在是羨煞其他類型的APP。

二〇一七年第一季，這款手遊的資料顯示，單季收入超過三十億元。這已經直逼微博二〇一六年整年的淨收入了，而其中佔收入比例最大的正是皮膚！

難怪二〇一七年十月就有人說，該遊戲部門的員工年終獎金可以拿到一百個月的薪資。

〈05〉

除了廣告和皮膚收入之外，還有一種非常簡單粗暴的方式——根據玩家玩遊戲的時間收費。比如，著名的「魔獸世界」，這款遊戲最初就是透過出售加值遊戲時間點數卡作為主要收入來源，二〇〇五年到二〇一八年這十三年間，這款風靡全球的遊戲收入超過了九十二億美元。

實際上，不僅遊戲，各大電視平臺也不斷推出吸睛的電視劇，引進歐美大片的版權，吸引你加值成為VIP（貴賓）會員。近年來，迅速崛起的知識付費公司也邀請各行各業知名人物授課，從而吸引消費者的零碎時間，讓你收聽更多音訊前的十五秒彈跳式廣告，或者購買付費課程。

正因為商業變現的手段如此之多，變現時的轉換率又如此令人「垂涎」，因此，如何進一步將人們的注意力留在產品中，讓消費者把時間交付給產品，是商業變現的重要前提！

從時代的現狀來看，由於人對物質的需求總是存在一定的上限，隨著可支配所得越來越高，在經濟下一個增長點中，人們必然更偏重精神層面的追求。

所以，經過精雕細琢的服務產品，必須不斷加入能讓人產生行為上癮的機制，在時間的戰場上獲得更多的消費者，才能牢牢地把消費者的注意力和時間黏在自己的產品上，實現廣告收益或付費轉化——這也恰恰暗合了資本逐利和商業變現的核心需求。

可以說，時間的戰場就是我們這個時代的趨勢，也是商業走到今天必然的樣貌。

04 藥癮——連佛洛伊德也沒逃過的誘惑

為什麼明明知道吸毒有害，還是有人去吸毒？
為什麼第一次看到一個人覺得對方長得醜，但看多了就覺得好像也還可以？
佛洛伊德為什麼要給他的好友使用古柯鹼？

〈01〉

這一節我們來討論人類生理層面的藥物上癮。

所謂藥物上癮（Addiction），就是指人們在習慣攝入某一種藥物之後，會形成一種依賴狀態，中斷用藥後，會引起特別的戒斷症狀，形成一種不用藥就不舒服，甚至極度痛苦的狀態。

能引起上癮的常見藥物有：安眠藥，鎮痛藥嗎啡、配西汀，精神興奮藥安非他命等等。雖然知道這些藥物使用後容易造成上癮，但兩害相權取其輕，為了治療或緩解痛苦的症狀，醫生一般會有限制地讓病人使用它們。

最典型的是癌症末期病人。由於癌細胞的擴散，病人會產生劇烈疼痛，從人道主義的角度出發，為了降低這些病人離世前的痛苦，醫生會適量開一些嗎啡或配西汀給病人。不過這些藥物總是有機會流入市場，人用多了就會上癮，形成了我們經常會從媒體上看到或聽到的毒品。

毒品是一切上癮藥物的廣義概念，既包含上面所說的嗎啡、配西汀，又包含我們時常在警匪片裡面聽到的海洛因、冰毒、搖頭丸等。毒品不僅會讓人上癮，花費大量金錢，危害家庭，而且還容易使人因為注射器污染而感染肝炎、愛滋病等惡性疾病。

明明知道毒品的危害，可為什麼還是有那麼多人去吸毒，最終導致藥物上癮呢？

〈02〉

國內外學者的研究表明，好奇心是吸引癮君子體驗毒品的首要原因，這在吸毒原因裡佔比甚至超過六成五。尤其是社會閱歷相對較少的青少年，他們往往為了所謂的「新鮮刺激」而冒著較大風險去嘗試。

為了體驗傳說中的「快感」，不少青少年會在新鮮感和好奇心的雙重驅使下嘗試毒品。但所謂「好奇心害死貓」，一旦毒品上癮，等待他們的自然就是時常在衛教片裡出現的漫漫戒毒路。

受到欺騙誤入歧途也是重要原因之一。現在有不少新型毒品，它們以十分隱蔽的方式使人上癮。比如，一種形態類似「跳跳糖」的毒品，可以輕易融於液體，而且少色少味，常常會加入果汁使用，因此很難發現。

擁有悠久歷史的阿拉伯茶就是一種新型毒品，它的學名叫恰特草。這種毒品在中國並不常見，但它的歷史可以追溯到十三世紀，當時衣索比亞原住民發現這種嫩芽和葉子可以用來抵抗疲勞。

後來，越來越多咀嚼恰特草的上癮者表示，這些葉子會讓人產生思維清晰、視覺明亮、聽力覺醒的錯覺，認為世界上似乎沒有什麼事是自己做不到的。一旦藥力褪去，人就會感到莫名沮喪，什麼也不想做，只想趕緊再來一次。所以，如果有人要你咀嚼一些綠色植物，可就得小心了。

還有一種情況是被周圍的人影響。對不吸毒的人來說，一開始他們看到有同伴吸毒還是很排斥的，但隨著時間過去，看到朋友吸毒的次數越來越多，會由於單純曝光效應（Mere Exposure Effect）而習以為常，甚至開始嘗試。

什麼是單純曝光效應呢？這是一種人類固有的心理現象，這種現象具體表現為隨著接觸次數越來越多，人就會越發喜歡它。比如，你第一次看到一個長相醜陋的人可能覺得很厭惡，但和他相處的時間長了，就漸漸覺得對方也不是那麼難看了。

我們再來說說能引起藥物上癮的毒品。毒品作為違禁品受到廣泛關注，是最近一百五十年的事。始作俑者，是一位具有奉獻精神的歐洲貴族。

〈03〉

羅伯特．克利斯蒂森爵士（Sir Robert Christison），稱得上十九世紀英國的「黃藥師」，在研究毒物時很有「拚命三郎」的精神。由於很少有志願者願意拿自己的身體來測試有毒物質對人體的影響，他不得不拿自己做實驗，經常親自服用這些毒物，然後在還沒失去意識前趕緊將實驗資料記錄下來。

有一次，他照常咀嚼完幾片有毒植物綠葉，打算將體驗記錄下來。突然間，他感覺嘴唇微微發麻，身體內部的「小宇宙」也猛然爆發，這種源源不斷的力量感讓他產生一種「世界那麼大，我想去看看」的衝動。

心動不如行動，羅伯特立刻走出家門，以每秒七十四公分的速度，連續行走長達九小時不停歇。回來後，他把自己整整一天不累不渴不餓的奇妙感受統統寫進了自己的實驗日誌。羅伯特當天咀嚼的神奇小綠葉，古柯葉，正是後世臭名昭著的毒品——古柯鹼。

〈04〉

九年後，時年二十八歲的佛洛伊德也用古柯鹼做實驗，當他讀到老羅伯特以親身經歷完成的報告後，我們可以想像，這位奧地利青年的臉上一定會浮現一道微笑（雖然被他的大鬍子擋住了）。因為，佛洛伊德覺得自己也是古柯鹼的受益者。

為什麼這樣說呢？因為在佛洛伊德寫給女朋友瑪莎．貝爾奈斯的信中，他這樣說：「定期服用小劑量的古柯鹼不僅能治療他的消化不良，還能緩解憂鬱症，感覺奇妙極了！」

隨後，佛洛伊德還把古柯鹼推薦給他的好朋友費歇馬索（Ernst von Fleischl-Marxow）。

這位「小馬」同學也是一朵奇葩，他右手長了神經瘤，疼痛難忍，卻胸懷大志，開發出了一種依靠研究數學難題來轉移注意力的療法。由於當時資訊閉塞，「小馬」同學把自己能找到的數學難題都解完了。於是，他不得不去研究物理，物理學完後，又開始自學梵文。

當家裡已經沒有素材支持他繼續學習以擺脫疼痛之苦時，「小馬」同學又把注意力轉向了嗎啡。

當時，人人知道嗎啡容易上癮，非常不容易戒掉。於是，不忍看見好友受煎熬的佛洛伊德就給他服用了一點古柯鹼。令人欣喜的是，古柯鹼果然如佛洛伊德預測的一樣，是克服嗎啡藥癮的「利器」，最直接的表現就是「小馬」對嗎啡的需求量出現了「斷崖式下降」。

然而好景不長，嗎啡上癮的問題的確解決了，隨之而來的卻是古柯鹼上癮。「小馬」需要的古柯鹼劑量越來越大，到後期甚至開始出現幻覺。他覺得有好多小蟲子在他的皮膚裡爬，他想要把牠們統統摳出來。彼時，離「小馬」痛苦離世只有幾年光陰。

顯然，古柯鹼的實驗失敗了。

一八九六年，從初次接觸到最終放棄，一代心理學大師佛洛伊德歷時十二年終於得出了古柯鹼弊大於利的結論。晚年的佛洛伊德為此懊悔不已，曾幾次試圖修改個人檔案，刪除這段讓自己汗顏的「黑歷史」。

〈05〉

現在，當我們以批判的眼光回頭審視這個藥物上癮的名人軼事時，似乎總帶著一種居高臨下的智力優越感，認為年輕的佛洛伊德少不更事，怎麼會那麼天真，居然以為毒品是好東西，可以幫助人類治癒疾病。更不能理解他為什麼還寫文鼓吹，甚至把古柯鹼這種毒品推薦給好友，造成了好友的悲劇。

但我們可能沒有意識到，此刻我們一切經驗的積累，都是站在前人的肩膀上，用前人得出的結論反過來去評判他們的錯與對。

然而今天，我們也遇到了和當年的佛洛伊德類似的困境，只不過我們的上癮觸發機制已經從藥物上癮演變成無處不在的行為上癮。更可怕的是，越來越多人開始陷入這種全新的上癮方式，卻渾然不知。

05 行為上癮——比藥癮更可怕的是心癮

構成行為上癮的獎勵系統是什麼？
為什麼意志力無法抵禦行為上癮？
我們應該怎麼做才能擺脫行為上癮？

〈01〉

說到「行為上癮」這四個字，我想你對開頭的那隻三十四號小老鼠一定記憶猶新：每五秒按一次小推板，對托盤、食物和水都不理不睬，自我克制力極強。

你有看過每十五秒用大拇指上滑一次螢幕，不時對著手機傻笑的人嗎？如果你玩過某個社群APP，初次體驗很可能就是這樣：打開之後就捨不得關閉。時間一晃，就過去兩小時，還在和這款APP難分難捨。雖然時間已經很晚了，明明知道第二天早上還有重要的事情，但你就是控制不住自己，一個接一個的滑小螢幕裡的影片，捨不得關掉它去睡覺。

使用社群軟體上癮的人不止你我。二〇一八年初一份消費者研究報告顯示，「抖音」軟體有兩成二的消費者每日平均使用時間已經超過一小時，每一萬個抖音月活躍消費者中就有四千五百人每天都會玩，這個消費者黏著度幾乎已經與那些沉浸度極高的網路遊戲旗鼓相當了。

為什麼抖音ＡＰＰ可以有如此大的魔力，讓我們如此不忍放下，看了還想看呢？

這就要從行為上癮的機制說起。

〈02〉

行為上癮和藥癮不同，不會產生撤除後引起生理痛苦的戒斷症狀。但任何一款能使人行為上癮的產品或系統，都充分利用了人類大腦的特點，設計了一套讓人欲罷不能的獎勵系統。

這套獎勵系統的原理其實很簡單，可以分成兩個部分：多巴胺獎勵與躲避減敏反應。

聽起來有些複雜，對不對？

舉個例子，當我們首次打開「抖音」ＡＰＰ後，系統會推薦給我們全網按讚數最高的那段影片，由於絕大部分的人對有趣、好玩、快樂的感知基本上大同小異，因此，這段新使用者初次體驗的十五秒短片會對我們大腦中的依核（Nucleus Accumbens）——也就是大腦的快樂中樞產生作用，繼而促使大腦分泌大量多巴胺，為我們製造快樂獎勵，這是第一階段。

第二階段，如果我們看的影片類型大同小異，那麼大腦就會出現適應刺激反應衰退的結果，多巴胺產生也會相應變少，這就是所謂的減敏反應（可以理解為你總是吃同樣的東西，次數一多就膩了）。

但抖音短片和其他能讓消費者產生行為上癮的產品不同，它厲害的地方就在於，每次上滑螢幕後，推播給我們的是一個隨機、未知，但同樣在大數據統計分析後認為是消費者高度點讚、高度認可的有趣內容。這種機制完美避開了減敏反應所帶來的多巴胺降低，導致消費者暫停使用產品的可能。

這也是為什麼「魔獸世界」會每隔一段時間就會出一個新版本的資料片，開放更多的等級、種族或職業的原因。現在，很多手遊APP幾乎每隔兩周就會辦一個新活動，促使消費者在新的規則下完成任務，以獲取更強大的裝備或角色升級獎勵。

〈03〉

聽了這些，你可能還是會說，這些行為上癮的都是一些意志力比較薄弱的人，所以才會被新資料片、新活動、新裝備吸引。只要意志力夠強，擁有足夠的控制力，根本不會怕行為上癮。

真相果真如此？意志力真的堪當重任嗎？

二〇一三年普立茲獎得主，美國知名作家查爾斯．杜希格在暢銷書《為什麼我們這樣生活，那樣工作？》中講過一個這樣的實驗：實驗人員將接受實驗的學生分為兩組，讓他們做無解的數學題。

解題前要求兩組學生空腹，然後實驗人員安排他們進入一間裝滿餅乾和胡蘿蔔的房間。餅乾香氣撲鼻，淡淡的奶油味讓人垂涎欲滴；胡蘿蔔則索然無味，只不過是一種蔬菜，也沒有經過特別加工，雖然可以解除饑餓，但對學生們來說沒什麼吸引力。

實驗人員假意告訴學生，這次實驗的目的是測試他們的味覺，真正的用意其實是要逼迫其中一組動用自己的意志力。果不其然，實驗人員宣佈：其中一組只能吃胡蘿蔔，另一組則只能吃餅乾。

對餅乾組來說，餅乾已經足夠美味，讓他們不吃胡蘿蔔根本不算什麼。對胡蘿蔔組來說則痛苦得多，實驗人員甚至還看到部分胡蘿蔔組的學生拿起餅乾，放到鼻子前聞了聞，看了一眼實驗人員，然後又放回去。

顯然，實驗人員的目的已經達到了，胡蘿蔔組的學生強忍著對餅乾的誘惑，驅動了意志力；反之，餅乾組吃完餅乾後心滿意足，不需要任何自律。

隨後，精彩的一幕發生了。當兩組學生開始著手做無解的數學題時，餅乾組學生平均堅持了長達十九分鐘，而胡蘿蔔組卻平均只堅持了八分鐘就敗下陣來。甚至，胡蘿蔔組有些學生一邊解題還一邊不滿地碎唸——胡蘿蔔組的學生身上盡是焦慮情緒。

類似的實驗重複了兩百多次，相同的結果也再現了無數次。

顯然，意志力是有限的，有時並不可靠。透過這個實驗，我們可以得出一個結論：單靠意志力無法抵抗行為上癮。

正如同查爾斯．杜希格在書中所說：「意志力不是一種技能，而是一種力量，就如同你手臂和大腿處肌肉的力量，用力過猛就會感到疲累，肌肉剩餘的力量就不足以供給其他活動。」

〈04〉

既然意志力無法抵抗行為上癮，那麼，我們到底應該怎麼做才能擺脫它呢？在找到擺脫行為上癮的方法之前，我先來和你說說另一件類似的例子。

記得小時候我們第一次看魔術時，幾乎都會十分驚奇的心想，世界上難道真的有魔法嗎？比如一位魔術師用兩把非常大的刀將一個躺在箱子裡的人一劈為二。神奇的是，被分成兩半的人既沒有流血，也沒有死去，不論其露出的腦袋，還是伸出的腳都還「活著」，而且都能活動自如。

我曾對這個有趣的魔術百思不得其解，每次觀看這個魔術時，都會睜大眼睛，生怕錯過了任何一個細節。儘管如此，作為一個外行人，我依然破解不了這個謎題。直到有一次，我在網路上看到了這個魔術的解析，才恍然大悟——原來那個被劈成兩半的人，竟然不是同一個人。

同樣的，當我們無法理解行為上癮是如何一步步影響我們的時候，我們就像不知道魔術真相的孩子那樣，一次次被魔術師「欺騙」，甚至會懷疑人生，認為自己無法破除行為上癮的魔咒。

所以，為了讓你真正實現清醒思考，擺脫行為上癮，接下來幾章我特別為你準備了相關知識的第二部分。

在第二部分中，我會對你詳細拆解行為上癮到底是如何影響我們的，其中一共包括六個原理：

原理一、行為觸發——走入行為上癮之路。
原理二、輕鬆「入坑」——讓你覺得你入的不是坑，是有趣的遊戲。
原理三、即時回饋——鼓勵你重複同樣的上癮行為。
原理四、挑戰升級——讓人欲罷不能的晉級樓梯。
原理五、未完待續——讓你始終停不下來。
原理六、社群依賴——沉浸其中，無法自拔。

當你理解這六個原理之後，你就會像在網路上理解了魔術的祕密一樣，感嘆一聲：哦，原來是這樣！

行為上癮是怎麼影響我們的

從本章開始將正式進入本書的精華，下面的內容是你走上行為上癮坡道的開始，透過閱讀這部分的內容，你會理解產品是透過怎樣的設計，誘使你不停地對其產生興趣，以致於欲罷不能。

Chapter 2

行為觸發，誰設定了你的「首次注意力」？

01 行動原理——所有上癮行為都是一個心理公式

為什麼為了趕早上七點的飛機，凌晨四點半起床不太困難？

中國比特幣首富李笑來是如何背下兩億個托福單字的？

為什麼一想到送禮，我們腦子裡第一個冒出來的念頭就是「送禮就送腦白金[1]」？

〈01〉

有這樣一種說法：人類的一切行為都是一套套的演算法。

比如說，有的人目標感強，他很難受到情緒的干擾，就算面前的客戶是前女友的現任男友，他也會暫時放下過去的恩怨情仇，努力完成這個訂單。

再如，某農村出身的高級主管儘管年薪百萬，但由於從小就養成了勤儉節約的習慣，即使現在已經很有錢了，但他還是盡力將每一筆錢都花在刀口上——只買CP值最高的商品。

每個人都有獨屬於自己的個性演算法，但這並不是說沒有共性演算法。今天，我要講的這個演算法具有一定的普適性，它是人類底層的行為公式：B＝MAT。

B即Behavior，是指一個人的行為；M即Motivation，是指人類行為的動機；A代表Ability，也就是能力；最後一個T，是指Trigger，意思是觸發。

下面，我就逐一來拆解這個行動力底層公式。

〈02〉

如果一個人要想去做某事，首先，他一定要有一個M，也就是動機。

從專業的角度來看，動機是激發與維持有機體行動，並將行動導向某個具體目標的心理傾向或內部驅動力，你也可以將其理解為做事的動力。

從誘因理論的角度來說，可以分成正誘因和負誘因：正誘因是追求快樂，負誘因是逃避痛苦。

舉個例子，很多人會覺得早起是一件非常困難的事情，但如果某一天，你要趕早上七點的飛機（避免負誘因），你至少要提前一個小時到達機場，你家離機場有一個小時的車程，所以這天早上要你四點半起床恐怕就沒那麼困難。

你可能會說，偶爾讓我早起這麼一次，當然還是做得到的，但如果要我天天早起，可能就堅持不了了。然而，時間管理達人紀元已經堅持每天四點起床幾年了，他在一次關於時間管理的話題中，向我們分享他早起的獨門祕笈。

1 中國國民保健藥品

紀元說，他每天晚上會設置兩個鬧鐘，一個放在臥室，另一個放在客廳，臥室的鬧鐘會比客廳的鬧鐘早五分鐘。之所以如此設置，是由於臥室的鬧鈴足以把他喚醒，醒過來之後他會意識到，如果不去把客廳的第二個鬧鈴按掉，就會吵到家人——這給了他足夠的動力從溫暖的被窩爬起來。

在屋裡逛了一圈後，他的身體和大腦就已經開始正常工作了。

無獨有偶，著名投資人李笑來也是這麼管理自己的。

當年，李笑來在加盟新東方前面臨著一個難題——每天要背大量單字。為了給自己一個足夠強的動機，他在心裡計算了一下：

如果成功成為新東方的培訓老師，或許就能達到年薪百萬，而背兩億個單字是成為年薪百萬的階梯。這樣計算下來，每個單字的價值等於五十元，這在無形中給了他足夠動力去背單字。

〈03〉

有了動力之後，還需要有能力，也就是公式裡的A。

能力是完成一項任務或目標的綜合素質。打個比方，電話鈴響了，你一看，是一個多年沒有聯繫的同學打來的，此時，你會有足夠的動機去接這個電話。但你最後還是沒接，這是為什麼呢？這就是因為你沒有接電話的能力！

你可能覺得很奇怪，這是為什麼呢？

想像一下這些場景：你的手機顯示電量馬上就要耗盡，你一接這個電話馬上就會被迫關機；又或者，天正在下雨，你一隻手拿著東西，另一隻手撐著傘，同時還在趕一輛馬上就要關門的公車。總之，你現在沒辦法接這通電話。

所以，就算你有動機，如果沒有能力，這項行動也不會發生。

因此，無論是傳統的、能讓人產生行為上癮的商品，還是如今廣泛應用的行動上網產品，生產者應盡可能讓自己的產品變得簡單、好用、易上手，不需要在使用前閱讀無比複雜的說明書——這都是為了盡可能降低消費者的使用門檻。

一款讓人難以理解、最終甚至放棄使用的產品顯然是失敗的，而一款讓人「秒懂」，用起來容易至極的產品，則具備了成功的基因——它很有可能變成一款讓人上癮的產品。

比如，我們都非常熟悉的微信。它的介面非常簡單，底部只有四個入口，每個入口點進去都十分符合消費者以前使用訊息的習慣：頭像上帶數字的小紅圈立刻讓人知道有人留言了，吸引你點進去看一下對方到底和你說了什麼；「發現」裡的「朋友圈」「掃一掃」「搖一搖」則直接指向一個人們口中的「虛擬地點」，或者引導你採取一個動作。就算你是第一次使用微信，基本上也不會產生太大的障礙。

正因如此，微信才能成為中國最成功的社交ＡＰＰ，其月活躍消費者已經超過了十・八億人。

〈04〉

最後，公式中的那個T，也就是觸發，是指因觸動而激發起某種反應，它也是我們本章要探討的重點。當一項產品已經能讓消費者產生動機，具備讓人秒懂、拿來就能用的能力，那麼——萬事俱備，只欠觸發。

史丹福大學商學院教授尼爾．艾歐曾在其全球暢銷書《鉤癮效應》中說：觸發是提醒人們採取下一步行動的重要因素。

比如，我們日常接觸到的廣告：

怕上火喝王老吉。

吃火鍋，沒川崎怎麼行。

今年過節不收禮，收禮只收腦白金。

這些都是典型的觸發機制。透過廣告一遍遍的洗腦，佔據消費者的關注焦點，讓你在「上火」「吃火鍋」「送禮」等場景時，能夠第一時間想到這些產品。

在觸發消費者的公式中，有付費、送福利、給補貼等方式，但同時也存在利用人們底層心理認知偏差的觸發方式。通常，給補貼的觸發方式利用的是人們貪小便宜的外部激勵，後續需要透過培養消費者習慣，才能形成持續的使用習慣。

還有一種則是利用人性固有的弱點，透過一定的心理技巧對你施加影響，繼而讓你進入人為設計的「上癮路徑」。

〈05〉

你收穫的新知

人類的行為模式實際上都是一套套演算法，而讓人產生行動的邏輯正是人類底層的行為公式：B＝MAT。

Behavior（行動）＝Motivation（動機）×Ability（能力）×Trigger（觸發）。

三者是乘數關係，所以只要有任何一個因數為零，等式左邊的值——**行動**——也將為零。動機是人們做一件事的動力；能力會影響消費者行動是否存在門檻，是否會由於能力的缺失，阻止消費者實踐存在動機的行為；而觸發又分為送福利、給予補貼的外部激勵，以及利用人性認知偏差，從而在心理層面觸發消費者行為。

02 喜好觸發——「總有一款適合你」的舒適區

一款產品是透過什麼方法成功吸引你的注意力？

為什麼《今日頭條》可堪與BAT[2]公司比肩，成為消費者使用時間僅次於騰訊的第二名？

什麼是喜好原理？相關的觸發因素有哪些？

〈01〉

你有沒有這樣的經驗：本來打算打開搜索網站查一些與工作或學習有關的內容，但無意間看到今天推薦欄裡的即時熱門，正好有一條你喜歡的明星最近發生的一些事件，於是點進去看一下，心想反正看一篇文章也不會花太多時間。

結果，當你看完了這篇，旁邊又跳出另一則吸引你的新聞。於是，你看完一則又一則，當你感到肚子有些餓的時候，才發現又到了吃飯時間，此時你雖然回過了神，卻早已忘記一開始要查的內容是什麼了。

又或者，你剛點開一個閱讀APP，打算趁著下午的美好時光沖一杯咖啡，躺在沙發上好好閱讀朋友推薦的一本好書。此時突然有一則新聞通知，你一看，正好是你感興趣的話題，於是點進去，看完一條又一條，不知不覺一下午就過去了，什麼事都沒幹。

這些情景不僅在你身上發生過，很多人都有過這種情況。可以說，只要連上網路，上述場景幾乎每天都在上演。

事實上，我們在第一章簡單介紹過，未來的商業戰場就是搶佔消費者時間，而搶佔時間戰場的第一步就是獲取你的注意力。所以，這些網站或APP正是利用了人類心理的特性，透過觸發你的行為動機，成功奪取了你的時間和注意力。

那麼，這到底是怎麼做到的呢？

〈02〉

這個問題的答案是——演算法。

根據演算法推播消息早已不是什麼大新聞了，它會根據你過去的閱讀行為加上興趣標籤，然後在與之相關的文章出現時通知你。當你反覆閱讀這類文章後，系統就會提供更多匹配的內容。久而久之，你看到的就幾乎全都是你喜歡或者關心的內容了。

是的，這是一件非常可怕的事。上述那些網路商品，幾乎個個是擅於「投其所好」的專家，它們利用了每個人的興趣愛好，摸清了每個消費者的使用慣性，精準推播我們喜歡的內容，以吸

---

2 百度、阿里巴巴和騰訊三大公司首字的縮寫。

引我們的注意力，爭奪我們的時間。

中國數據公司 Quest mobile 在二〇一八年的年中報告顯示，以大數據推薦演算法見長的某頭條 APP，其消費者使用時長已經超過了百度系、阿里系，成為了僅次於騰訊系的第二名。之所以能有今天這樣的成績，龐大的消費者數據及消費者使用時長，「投其所好」的核心演算法是其中的關鍵——因為這個核心演算法暗合了人性的底層邏輯。

〈03〉

這個底層邏輯究竟是什麼呢？作家羅伯特．席爾迪尼在暢銷書《影響力》中曾經反覆強調，喜好原理會對人產生極大的影響。

「喜好」，不難理解，說得好聽點是一種偏好，說得直白些，喜好是一種偏見。它能最大化觸發消費者的注意力，獲得他們對內容的關注。

比如，外表魅力就是一種觸發核武器。長相姣好的人總是能引起人們的興趣，激發人們對其私生活的好奇。

除了外表魅力觸發外，與喜好原理相關的觸發因素還有以下三點：

一、相似性觸發

如果映入你眼簾的內容與你的觀點、個性或者生活方式有一定的相似程度，你就會不由自主被它吸引，不自覺地想要瞭解更多。比如，你平時喜歡讀書，最近有一本好評如潮的新書上市，就有很大的機會觸發你去瞭解更多的細節。又如，你週末喜歡釣魚，那麼關於一款漁具的評價發文就能引起你極大的興趣。

白酒品牌「江小白」就將相似性觸發運用得駕輕就熟，其品牌核心競爭力就在於那些能引起消費者內心共鳴的文案：

> 早知道很多人走散就不會再見，就該說出那句吞回肚裡的話，給出本該給予的擁抱。
> 我們共有過去，卻各有未來。
> 最暖的不過酒在肚裡，你在心裡。
> 別讓工作掏空身體，別讓欲望掏空錢包，別讓時間掏空昔日同窗的情感。

如此打動人心的文案符合了各種飲酒的場景，用文字觸發人們的情感訴求，讓人在共鳴中不由自主地選擇這款白酒與朋友同飲。

二、**關聯性觸發**

大家都知道，可口可樂的英文叫作Coca-Cola，但在廿世紀二〇年代剛進入中國市場時，品牌名稱卻不是這個，而是翻譯成「蝌蚪啃蠟」。當時，人們一看這個名字就會不由自主地想起「味同嚼蠟」這個成語，所以誰都不想成為第一個去嚼蠟的人。直到有人以神來之筆譯為「可口可樂」，給人一種「可口」的感覺，這才觸發消費者們紛紛去嘗試，中國市場也從此被打開。

三、**條件反射觸發**

「人頭馬[3]一開，好事自然來。」這句廣告詞不僅當年紅極一時，還對後來的諸多企業家產生了深遠影響。企業家們每次開展新專案時，一定要開一瓶價格不菲的人頭馬以討個好彩頭。

曾經有一位企業家不按牌理出牌，為了省下酒錢，他並沒有在「關鍵時刻」開一瓶人頭馬。當他的專案陷入困境時，這位企業家開始反思，是否因為這個細節影響了專案運勢？他痛定思痛，決定從此以後凡是要發展新專案，絕對不能少了「開瓶儀式」。

〈04〉

你收穫的新知

未來商業的本質是爭奪消費者的時間，商家要搶佔你的時間，第一步必然是透過觸發，驅動消費者的行為動機，俘獲你的注意力。

為了實現這個目標，越來越多APP利用演算法幫使用者貼上各種興趣標籤，「投其所好」地推薦使用者喜歡的內容，從而不停形成有效觸發機制，進而增加使用者的黏著度，延長使用時長。

投其所好的底層心理動機之所以能產生效用，是由於人類固有的認知偏見——喜好原理。相關的觸發因素主要有**外表魅力觸發**、**相似性觸發**、**關聯性觸發**和**條件反射觸發**。能成功吸引消費者注意的產品，往往與這四種觸發機制有一定的關係。

3 法國白蘭地REMY MARTIN中文譯名。

03 社會觸發——兩個觸發你心理機制的「強力按鈕」

為什麼朋友圈裡會有那麼多人@微信官方，只為了一頂聖誕帽？

為什麼明明是一瓶純淨水，卻有那麼多學生聲稱聞到了化學品的味道？

哪裡帶來的流量居然達到了天貓「雙十一」的十五倍？

〈01〉

上一小節我介紹了能夠觸發消費者行為的底層心理動機：**喜好觸發開關**。你可能會說，在現實生活中，不僅讓人喜歡的內容會引起人的注意，應該還有其他心理觸發機制存在，同時也能影響人們的行為。

你的感覺是對的，除了喜好這個觸發開關之外，還存在**從眾**、**權威**、**恐懼**、**互惠**和**一致性**這五大行為觸發開關。這些心理觸發開關之所以會奏效，同樣歸因於人類固有的認知偏差。下面，我們就一個個來認識它們。

〈02〉

從眾觸發開關

二〇一七年十二月，你可能會在微信朋友圈看到有人不停在@微信官方：請給我的頭像來一頂聖誕帽。有的人要到了，有些人苦等很久，微信官方卻依舊沒有理他，這是為什麼呢？

在講這件事情之前，我要先和你說一件六十多年前發生的事情。當時，有一位叫阿希的教授，他召集了一些人，聲稱要做一個關於「視覺感知」的實驗。

實驗非常簡單：給接受實驗的人看兩張紙，其中一張上面印著一條線，另一張上面印著A、B、C三條線，讓他找出這三條線中哪一條長度最接近另一張紙的那根線，如上圖所示。

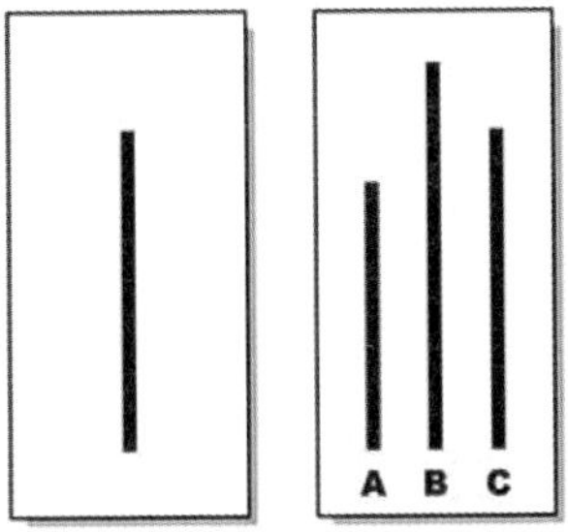

你可能看過這個實驗，但你很可能只知其一，不知其二。

雖然明眼人一看就知道C線最接近，但阿希教授故意在七人一組的實驗團隊中安排了六個「暗樁」，讓他們不是集體選A，就是集體選B。

這下好了，前前後後有幾十人接受實驗，這些不明所以的受試者十分徬徨且猶豫，他們本來選擇了正確答案，卻因為「暗樁」的干擾而懷疑自己的選擇。因此，這項實驗的最終結果出乎眾人意料，竟然有三六．八%的受試者選擇了錯誤的答案；而在沒有「暗樁」存在的單獨對比實驗中，錯誤率僅為一%。

為了驗證「暗樁」對受試者的影響，阿希教授又做了不同的實驗，最終結果是這樣的：

一個受試者+一個「暗樁」，錯誤率為一%；

兩個受試者+兩個「暗樁」，錯誤率為一三．六%；

三個受試者+三個「暗樁」，錯誤率為三一．八%。

再往上增加「暗樁」的數量，錯誤率的增長就不再那麼明顯了。

阿希教授透過這個實驗得出了一個非常著名的心理學效應——「從眾心理」。這個效應是指個體很容易受到外界影響，在自身的判斷、認知上傾向於表現出與公眾輿論相符合的行為，而只有極少數的人不受「從眾心理」的影響，能保持獨立思考。同時，這項研究也解釋了我們經常聽到的諺語或者生活現象，比如說「三人成虎」。

好了，現在讓我們回到@微信官方討聖誕帽的遊戲，這個遊戲最好玩的部分在於，朋友圈裡的朋友們彼此或強或弱地都有一定的信任基礎。你看到一個好友@微信官方，可能覺得沒什麼。兩個好友@微信官方，就會覺得這事有些古怪了。當你看到三個甚至更多人@微信官方，甚至看到有些好友已經拿到聖誕帽時，心就開始癢了：我能不能像他們一樣也來一頂聖誕帽呢？

〈03〉

權威觸發開關

說完了從眾心理對人類行為觸發造成的影響，再來說說下面這個觸發開關——權威觸發開關。

如果你是一位家長，或者回憶一下自己的兒童少年時期，你會發現，父母對一個孩子的影響是有限的，父母說得再多，通常都抵不上老師的一句話。是的，這就是權威觸發開關對一個人造成的影響。

權威觸發開關又稱為「權威暗示效應」，是指一個地位高、有威信、受到社會尊重的人或機構所說的話、所推薦的內容或所做的事情更容易受人重視，並且具有更強的說服力和可信度。

為了驗證權威暗示效應對人的影響，美國的心理學家做過一個實驗。他們邀請一位德語老師來給心理學系的學生講課，並向他們介紹這位老師是一位來自德國的著名化學家。實驗過程中，「德國化學家」一本正經地拿出一個裝有純淨水的實驗瓶，打開瓶蓋，並用手假裝搧一搧，讓瓶子裡的氣味揮發，然後問底下的學生，有多少人聞到了化學品的味道，結果大部分學生都舉起手，點頭表示聞到了氣味。

沒錯，這就是權威觸發開關。因為人們潛意識裡往往會覺得權威總是對的，而人天生又有「安全心理」的需求，認為服從權威可以有效增強這種安全感。與此同時，權威在人們心中還有一種與社會要求相一致的感覺，而這恰恰暗合了人們的「從眾心理」，兩種心理疊加，自然造就了「權威暗示效應」。

在你的身邊，其實存在很多利用權威觸發開關促使你去瞭解產品的情況。

比如，近幾年很紅的知識付費產業，你可以看到很多課程往往以「老師＋名校＋內容」或者「名企＋內容」來命名。比如，《XX女神的幸福哲學課》《X大師的北大金融課》《阿里鐵軍內訓銷售課》等，這些課程的命名方式正是透過觸發消費者權威暗示效應的開關，讓人忍不住點進去看一下，到底名校、名企厲害在哪裡。

淘寶平臺本身就已經夠有名了，但「淘寶＋權威」的組合帶來的流量仍然讓人大吃一驚。有鑑於春晚[4]以往的流量規模，二〇一八年，淘寶與春晚合作時做了大量的準備工作。為此，系統工程師們通宵達旦，加班準備了比「雙十一」足足多兩倍的流量承載方案。

但萬萬沒有想到，春晚這個權威觸發開關實在是太厲害了，硬生生讓當晚的峰值流量達到了「雙十一」的十五倍，伺服器居然崩潰了！這就是權威觸發開關的巨大威力。

〈04〉

你收穫的新知

從眾觸發開關，是指個體很容易受到外界的影響，在自身的判斷、認知上傾向於表現出與公眾輿論相符合的表現，只有極少數的人能保持獨立性，不受「從眾效應」的影響。所以，只要看到很多人都開始關注並使用某個產品，那麼作為個體的你也很容易被觸發，並開始設法去了解這個產品，從而慢慢進入行銷經理為你設計好的「行為上癮坡道」。

我們在生活中常常會受到權威人士和權威機構的影響，無論是知識付費課程的命名方式，還是淘寶與春晚合作引起的流量大爆炸，都充分說明了權威觸發開關的有效性。

4 中國中央廣播電視總台春節聯歡晚會。

04 個體觸發——你是如何在不知不覺間進入角色的

恐懼是如何引起觸發作用的？
為什麼半片麵包可以換回一條命？
為什麼餐廳裡服務生倒給你的一杯茶就能讓你在他們那裡用餐？

〈01〉

恐懼觸發開關

二〇一八年年初，張泉靈的一篇推文刷爆了朋友圈：「時代拋棄你的時候，連一聲再見都不會說。」很多第一眼看到的人都會驚訝：張泉靈是央視的前主持人，現在是著名投資人，連她都有擔心「被時代拋棄」的焦慮感，那普通人該怎麼辦？

是的，這就是一個人的恐懼觸發開關被打開的結果。看到這個標題我們會很緊張，想趕緊點開標題看看這篇文章到底講了些什麼，和自己有沒有關。

所謂恐懼觸發開關，其實就是利用人類擔驚受怕的心理來製造壓力，從而試圖改變他人的態度或行為。

小時候，你一定聽長輩這樣說過：再不好好學習，將來只能去掃地。出社會後也常聽到這樣的話：你再不好好工作，就扣你這個月獎金……這些其實都是透過恐懼觸發開關，影響你內心，促使你產生對方期望行為的一種手段。

關於如何引導消費者產生購買行為，奧美廣告公司創意總監孫大偉曾發表一篇推文，內容如下：

> 日航123次航班波音747客機在東京羽田機場跑道升空，飛往大阪，時間是一九八五年八月十五日下午六點十五分，機上載著五百二十四人（包括機組人員、乘客）以及他們家人的未來。
>
> 四、五分鐘後，這班飛機在群馬縣的偏遠山區墜毀，僅四人生還，其餘五百二十人已成為空難的統計數字……
>
> 在空難現場一個沾有血跡的袋子裡，智子女士發現了一張令人心碎的信條。在別人驚慌失措呼天搶地的時候，為人夫、為人父的谷口先生寫下了給妻子的最後叮嚀：「智子，請好好照顧我們的孩子。」就像他要遠行一樣。
>
> 你為谷口先生難過嗎？還是為人生的無常而感嘆？免除後顧之憂，坦然面對人生，享受人生，這就是保德信一百一十七年前成立的原因。走在人生的道路上，沒有恐懼，永遠安心
>
> ——如果你與保德信同行。

如果你是一位丈夫、一位父親，相信當你第一次看到這篇短文時，很可能為之動容。是的，因為它已經打開了你的恐懼觸發開關。

〈02〉

互惠觸發開關

你有沒有發現，如果一個很久沒有聯繫你的老朋友，突然在你的朋友圈裡按了你一個讚，你會不會在上下頁附近看到對方的朋友圈內容後，忍不住也給對方按個讚呢？

沒錯，這種情形十分常見，因為在我們人類心理底層，存在一個互惠觸發開關的心理機制，這種機制會讓我們條件反射地儘量以相同方式回報別人給予我們的恩惠。簡單來講，就是我們往往會用一種善意的行為，來回報他人一種類似的善意行為。

心理學家丹尼斯·雷根做過一個實驗，他請實驗人員與受試者聊天，然後離開一下，帶回來兩瓶可樂，一瓶給受試者，一瓶自己喝，稍後再請求受試者購買彩券，對照組則在聊天後直接要求受試者購買彩券。

經過大量重複實驗後，統計資料表明，給受試者一瓶可樂的實驗組與直接要求購買彩券的對照組相比，前者的購買率要高出整整一倍。

互惠觸發開關在戰場上也適用。

第一次世界大戰時，有一名德國士兵受命前往敵營捕獲一名敵方士兵回來拷問情報，當他突然在敵方戰壕出現時，一名落單士兵嚇了一跳，這名士兵當時正在吃午飯，毫無防備，被繳械時，他手上還有僅剩的一片麵包。然而，他做出了此生最明智的一次嘗試：把一半麵包分給了這名餓壞了的德國士兵。受感動的德國士兵因此放過了「恩人」，雖然他回去後挨了上級一頓臭罵。

由於這個觸發開關持續有效，因此，到今天為止，我們在超市裡依舊能看到有很多飲料或優酪乳導購員不斷讓你試吃小杯裝贈品，出於這種互惠心理，顧客購買機率自然就會大大提升。

〈03〉

一致性觸發開關

你有去菜場買菜的經歷嗎？為什麼很多時候菜場裡很多時令、新鮮菜不會標上價格呢？為什麼當你去問店主這菜多少錢一斤時，就算對方的報價比你心裡預估的價格要高上一些，你仍舊會硬著頭皮把菜買下來呢？

去飯店吃飯的時候也是如此。為什麼很多飯店不把菜單放在門口？為什麼當你走進飯店坐下來看菜單時，就算上面的餐點價格比你心裡預估的要高上一些，你也好像走不了了，只能硬著頭皮在這家飯店吃飯呢？

是的，這是因為你的一致性觸發開關被打開了。

「一致性」一詞源於美國社會心理學家里昂．費斯廷格於一九五七年提出的社會認知論。這個理論認為，由於每個人都努力設法使自己的內心世界沒有矛盾，所以一旦做出了某個決策（如問了別人菜價就下意識覺得要買），之後的行為就會不自覺地按照這件事情的軌跡來進行。

在測試人們一致性的實驗中，研究者隨機挑選海灘上的遊客作為實驗對象。第一步，實驗人員會假裝成遊客，在受試者不遠處鋪一塊毛巾，躺上一會，用隨身聽聽一會音樂，然後到附近散步。

第二步，另一位實驗人員假扮小偷來偷竊隨身聽。在二十次實驗中，只有四次會受到受試者的阻止。而對照組的實驗人員會在散步前跟受試者打聲招呼，說「你幫我看一下隨身聽」，在二十次實驗中，只有一次未受阻止。

可見，人的確具有認知一致性。絕大多數的人會設法保持自己的一致性，兌現自己做出的承諾。

〈04〉

你收穫的新知

恐懼觸發開關是一種利用人擔驚受怕的心理來製造壓力，從而試圖改變他人態度或者行為的一種方法。作為一種引起人們注意力的手段，恐懼觸發開關能非常有效地賦予他人行動的動力，從而讓人進入別人早已設計好的劇本中。

互惠觸發開關，是指人天生會對善意報以善意，這種條件反射機制會讓我們儘量以相同的方式回報別人給予我們的恩惠。所以，如果你並不是很想購買商場裡促銷的商品，那就千萬忍住，別去試吃對方硬塞過來的試吃品，否則一旦打開互惠觸發開關，你就無法拒絕別人了。

一致性觸發開關指的是每個人都想使自己的內心世界沒有矛盾，人一旦做出某個決策，行為就會不自覺地按照這件事情的方向繼續進行。一旦打開了一致性觸發開關，事情的走向就會不受控制，停不下來了。

05 總結──這就是你與行為上癮的第一次「邂逅」

在進行第一次小結之前，我想提前說明一下我們為什麼要做總結。

總結，目的是將前面所提的重點在這裡再次強調與整合。如果你買這本書只是想用來消遣的，可以跳過本節，直接進入下一章。

下面，我們就對本章的知識重點來做一次總結。

〈01〉

行動公式：B＝MAT

Behavior（行動）＝Motivation（動機）×Ability（能力）×Trigger（觸發）。

這個人類底層的行為公式清楚說明了影響人類行為的三個因素：動機、能力和觸發，並且以乘數效應的方式出現，這意味著三者缺一不可。

動機，分為正誘因動機（追求快樂）和負誘因動機（逃避痛苦）。看到美好的事物想要多看兩眼，這是正誘因動機；口渴了想喝水是負誘因動機。當我們有了足夠大的動機時，就會開始蠢蠢欲動，想要採取行動，但是這還不夠，因為你還需要有能力。

能力，是完成一項任務或目標的重要因素。換句話說，就是你要有本事做到。想喝水是你的動機，但你口袋裡沒帶現金也沒有任何可以付錢的工具，就是沒有能力；無數個廣告每天在你眼前晃過，廣告人也有足夠的動機讓你記住和熟悉它們，但能否引起你的注意，這就要看廣告人有沒有這個能力觸發你的注意力了。

觸發，是因觸動而激發某種反應，分為外部和內部激勵的觸發。外部觸發透過補貼、福利、紅包的形式給予消費者外在刺激。如果在補貼期間，並未培養起消費者習慣，那麼，一旦外部激勵抽走後，觸發就會等同於零。然後，B＝MAT開始發揮作用，等式左邊的數值也就開始趨向於零。

內部觸發則是利用人性認知偏差，在心理層面觸發消費者產生行為，也是我們本章討論的重點。

〈02〉

下面，我們開始總結內部觸發的六個開關，分別是：喜好、從眾、權威、恐懼、互惠和一致性。

喜好觸發開關

喜好是最常見的內部觸發開關，它是一種偏好，也是一種偏見。但我們所說的偏好或偏見並非個別化的，而是人們共性的特點，這種共性化的喜好觸發一共分為四種：

一、**外表魅力觸發**：顏值即正義。唐明皇下旨千里送荔枝，只為博得楊貴妃一笑；周幽王烽火戲諸侯，也只為博褒姒一笑。儘管現代社會的開放，讓人越來越不恥於承認外表魅力對人性內部觸發的效力，但外表魅力堪稱是觸發界的「核武器」，吸睛效果毋庸置疑。

二、**相似性觸發**：俗話說「老鄉見老鄉，兩眼淚汪汪」。人天生就會被與自己觀點、個性或生活方式相似的人或事吸引，從而觸發自己進一步瞭解對方。所謂戳中心窩的文案、擊中人心的廣告就是這樣——透過共感，觸發消費者的情感訴求，讓人在共鳴中不由自主地進入商品行銷的精心設計裡。

三、**關聯性觸發**：人的想像力天生豐富，消極的關聯令人嗤之以鼻，積極的關聯卻讓人躍躍欲試。試想一下，如果有兩杯碳酸飲料擺在你面前，你會選擇可口可樂，還是「蝌蚪啃蠟」？

四、**條件反射觸發**：透過佔領消費者心智，讓你在特定場景第一時間就想起它。比如，我們最熟悉的廣告：人頭馬一開，好事自然來；怕上火，就喝王老吉；吃火鍋，沒川崎怎麼行……它們都是透過條件反射觸發，深深植入了我們的大腦。

從眾觸發開關

「從眾心理」，是指個體受到外界影響，在自身的判斷、認知上傾向於表現出與公眾輿論相符合的表現。一般來說，大眾都有這種心理，只有極少數的人能保持獨立，不受「從眾效應」的影響。

對於從眾觸發開關，我們需要記住三個數據、一個結論：

一個受試者＋一個「暗樁」，錯誤率為一％；
兩個受試者＋兩個「暗樁」，錯誤率為一三．六％；
三個受試者＋三個「暗樁」，錯誤率為三一．八％。

再往上增加「暗樁」的數量，錯誤率的增長就不再那麼明顯了。

以上數據說明，說的人多了，就能讓人將謊言當成事實，這就是所謂的「三人成虎」。一旦超過三人，「成虎」的效率就不再顯著提升。

權威觸發開關

又稱為「權威暗示效應」，是指一個地位高、有威信、受到社會尊重的人或者機構所說的話、所推薦的內容或者所做的事情，更容易受到別人的重視。

權威觸發開關奏效的原理在於，人們潛意識覺得權威總是對的，而人天生又有「安全心理」的需求，服從權威可以有效增強這種安全感。同時，權威在人們心中又有一種與社會要求一致的感覺，暗合了人們的「從眾心理開關」，兩種心理相加，權威暗示效應就會對人產生作用。

恐懼觸發開關

恐懼觸發是透過利用人類擔驚受怕的心理來製造壓力，以試圖改變他人的態度或行為。無論是赤裸裸的威脅，還是溫柔的威脅，都能有效激起對方的焦慮，從而刺激對方進入尋找解決方案的狀態。如果此時企業再用它們的產品作為「解藥」呈現，成交轉化的效率往往會比一般情況高出許多。

當然，這種恐懼觸發必須把握好分寸，否則很可能引起防禦反應，造成受眾的不滿。

互惠觸發開關

互惠會讓人們條件反射式地儘量以相同方式回報別人給予他們的恩惠，簡單來講就是人們往往會用善意的行為來回報他人類似的善意行為。大量研究資料表明，採用互惠方式觸發消費者，成功機率是未採取互惠方式的兩倍。

一致性觸發開關

這個理論是美國社會心理學家里昂．費斯廷格於一九五七年提出的一種社會認知論。由於每個人都會設法使自己的內心世界沒有矛盾，所以一旦做出了某個決策（如問了別人菜價就下意識覺得要買），之後的行為就會不自覺地按照這件事情來進行。

〈03〉

清醒思考

總而言之，行為上癮原理之一：行為觸發，能讓你理解人類底層的行動公式B＝MAT，同時洞悉行銷策略是如何透過六套完全不同的心理技術手段「套」你，悄悄打開你的觸發開關。

Chapter 3

「入坑」容易出來難，讓你沉迷的心理機制

01 新手福利——從拒絕到上癮的魔法

為什麼每次玩一款新遊戲，一開始升級總是很快？

登門檻效應是什麼？

為什麼很多APP會發給你一個新手紅包，讓你用很低的價格就能買到產品？

〈01〉

二〇〇五年，那時我還是學生，「魔獸世界」剛進入中國不久，我和許多對自己意志力沒什麼信心的朋友一樣，告誡自己千萬不要去嘗試。

我和意志力較量了很長一段時間，結果卻功虧一簣。

有一次，我表弟到我家裡來玩，他帶了這款遊戲的光碟，示範了這款遊戲的玩法。不得不說，見識過這款遊戲的玩法和遊戲場景後，作為一個資深遊戲玩家，我很難不被吸引。安裝註冊完成後，我選擇了其中的「法師」作為自己的角色，取了一個喜歡的名字，然後踏上了這條「不歸路」。

剛開始玩遊戲的時候，遊戲角色的裝備只有一根最差的法杖和一套衣服，不過才做了幾個「殺怪」任務，我的遊戲角色裝備便陸陸續續補齊了。而且一開始升級升得特別快，每升兩級就能獲得全新的酷炫技能，短短半小時，我的角色都已經升到第十級了。

半小時的時間，我的遊戲角色不僅學習了五種完全不同的技能，還換了一套酷炫的行頭。穿著這套令人滿意的裝備，我又開始了下一個進階階段……

〈02〉

你是不是對這套流程感覺特別熟悉呢？你是不是覺得每一個設法讓你形成行為上癮的遊戲都是這樣安排的？沒錯，這種讓人一旦接觸就立刻著迷的機制，就是所謂的「新手福利機制」。

現在各種遊戲產品中，你會發現新手福利機制幾乎無處不在，而且效果驚人——這種機制就彷彿有一根胡蘿蔔懸掛在你的眼前，一步步引導你更加深入整個遊戲，然後又像吸血鬼一樣吸走你的時間和金錢。

剛完成註冊後，系統會提示你有一個任務，而當你輕而易舉地完成該任務後，系統又會立刻給予你金幣、裝備或者技能的獎勵，這些都能讓你的大腦分泌多巴胺，刺激你繼續玩遊戲，同時保持興奮感。

下一個任務的出現則又會引導你去熟悉角色的各種技能，以及遊戲場景中的各種體系。在一次次的獎勵過程中，你很快就能輕鬆掌握整個遊戲的操作方法。當然，接下來等著你的是更具挑戰性和更困難的任務，其中一定會包括跟其他玩家ＰＫ。為了順利完成後面的任務，或者為了在

PK競技場中獲勝，並獲得更高等的裝備或更靠前的排名，你不得不投入更多時間或金錢去提升技能等級和裝備。

〈03〉

新手福利機制在現在的遊戲中非常常見，但你千萬不要以為這是近幾年才出現的。早在五十多年前，美國的心理學家就已經發現，透過一定的手法，想要操控人心其實並不困難。

佛里德曼與弗雷澤是美國社會心理學家，為了做一項心理實驗，他們派人在幾座不同的城市中隨機訪問了一些家庭主婦。一開始，實驗人員要求這些主婦把一個很小的招牌掛在自家窗戶上，她們很高興地答應了。

過了一段時間之後，兩位心理學家再次派人前往，而這次提的要求顯然稍微過分了些，因為這次的要求是把一塊醜而大的招牌掛在相同的位置。結果，大約有五成的主婦答應了實驗人員的請求。

而對照組的操作就簡單粗暴多了。實驗人員在初次拜訪時直接要求家庭主婦在其窗前掛上同一塊又醜又大的招牌。結果，只有兩成的主婦答應這個請求。

實驗結果對比非常明顯，兩位心理學家把這種現象命名為「登門檻效應」（Foot In The Door Effect），又名「得寸進尺法」，是指某個個體一旦接受了一個小要求之後，為了避免自己認知上的不協調，之後會有機會接受更過分的要求。

〈04〉

讓我們回到現實。

如果一款遊戲剛開始玩的時候就很困難，這就好像主婦們一開始就被要求掛上一個大而醜的招牌。對一般玩家來說，很可能就這樣關閉遊戲，甚至直接從手機裡刪除。新手福利機制卻可以讓玩家在輕鬆完成遊戲的同時獲得獎勵，然後再一步步加大任務難度，在你還沒反應過來之前，就已經把時間和金錢「貢獻」在遊戲上了。

在網路產業，這種新手福利機制有一個專業術語——會員拉新。

熟悉網路產業的人都知道，消費者人次是電商的一個重要指標，關係到風險投資對這家企業未來的預期，以及是否會有後續的追加融資。所以，當新手福利機制在遊戲裡取得成功後，很多企業也開始如法炮製，開發出諸如「新會員一毛錢使用首月，暢享付費內容」這樣的噱頭——這種行銷策略在很多影片網站或知識付費類APP上十分常見。

還有一些變相的會員拉新手段。比如，發紅包給新會員，這個紅包可以用來「首單消費」，讓你用極低的價格買到他們公司的產品。透過這些首月以極低價格享用產品，用紅包促使你產生第一個訂單的方式，電商實現了「獲客目標」，之後再配合其他行銷手段吸引消費者，養成使用其ＡＰＰ和產品的習慣。

一段時間後，你就會從一開始的拒絕，逐步變成每天都要打開這款ＡＰＰ，或許未來有一天，你甚至可能成為其產品的死忠粉絲。

〈05〉

你收穫的新知

新手福利機制是一種行銷策略，在你還沒完全瞭解產品的時候，會給你每一步行為一些積極的獎勵，它所依憑的人類心理底層邏輯就是登門檻效應，也就是人們一旦接受了一個微不足道的小要求，就會為了避免認知不協調，從而接受一個更大、更難的要求。

新手福利機制不僅存在於遊戲當中，還被廣泛應用在網路商品的會員拉新上。所以，如果你一開始就認定自己很可能陷入某款遊戲或網路產品裡，產生上癮行為的話，那麼，你就要小心，千萬不要受到新手福利機制的誘惑，避免把大量時間甚至真金白銀投入其中。

02 損失趨避——小恩小惠VS.無休止付出

為什麼有的孩子生病都要去上課？
什麼是損失趨避心理？
什麼方法會讓消費者產生大規模集中購買欲望？

〈01〉

週末，我帶孩子去上課外輔導班。上完課後，臨走時，輔導班的櫃台發給兒子一張簽到表，然後「砰砰砰」地蓋上三個「已完成」章，然後喜笑顏開地對兒子說：「小朋友，以後你每來一次，就會得到一個簽到章。憑七個章就能換取那個恐龍玩具哦。當然，簽到章三十天內有效。」說完，她指了指我們背後玻璃櫃裡的一隻綠色霸王龍模型。兒子顯然很喜歡，臨走前還依依不捨地看了霸王龍好幾眼。

後來有一次週末，兒子得了支氣管肺炎，下午的輔導班本來是可以不去的，但小朋友卻執拗地要去上。我實在受不了他那可憐的眼神，就打電話給太太告知一下情況，然後直接從醫院出發，前往培訓機構。

上完課，兒子迫不及待衝到櫃台，報上自己的名字，把簽到表塞給那位小姐，然後眼巴巴地看著她幫自己蓋上第六個章，臉上洋溢著期待的神情。此時，我恍然大悟，兒子原來是被這個商業化策略吸引了。

〈02〉

簽到打卡已經不新鮮了，這個玩法我們在很多APP裡見到過。一些閱讀軟體也有類似的簽到機制，每次簽到還會有不同面額的禮券獎勵。當然，禮券一般也會有失效期限，如七天，這樣就會督促我們在規定時間內用完。

但是，簽到就簽到，為什麼要在簽到表上「砰砰砰」蓋上三個章呢？

不得不說，這家課外輔導班的老闆是個行銷高手——其所觸發的正是人類底層心理中的「損失趨避機制」（Loss Aversion）。

什麼是「損失趨避」呢？就是我們在面對相同數量的收益和損失的時候，會覺得損失更讓我們難受。

我們來打個比方，如果你一早收到了一個來自朋友的微信祝福紅包，你可能會很開心，但沒過一會，你這位朋友突然說發錯了，希望把這個紅包要回去。此刻，你可能就會在心裡抱怨：這傢伙在搞什麼啊？

你看，收到一筆錢，又退回同樣的金額，對你來說並沒有任何損失，但正是因為損失趨避心理，讓你感覺不舒服。

這也就解釋了為什麼一個賭客去賭場賭博時，贏了一點錢後見好就收會相對容易，倘若賭輸了的話，賭客就會產生比較強的賭癮——因為損失趨避的心理機制開始發揮作用了，這種心理機制會促使他總想著找機會把本錢贏回來。

回過頭來看我兒子的簽到表，前臺一上來就給他「砰砰砰」蓋三個章，這很容易讓人產生一種錯覺——我已經有三個章了，為了不讓已有的章白白浪費，就算咬牙忍耐也要堅持來上課，好集齊七個章換取自己應得的小禮物。

〈03〉

在引發人們購物上癮的APP中，我們同樣能看到類似的痕跡。

如果你熟悉某網路超商，就一定知道有這樣的機制：每次當你確認收貨後，系統就會安排給你一次從九張卡片裡面抽卡的機會，不同卡片代表著不同的商品。有時候，僅需〇．〇一元，就能購買一件平常售價七至十三元的商品。

而超市的運費規則是實際支付滿八十八元免運，不滿八十八元則需要支付明顯不太合理的十五至二十元運費。一方面，抽卡的機會有失效期限，翻出〇．〇一元購物卡後，你只有六小時的時間決定要不要將購物車的清單結帳，超過六小時卡就會失效；另一方面，你不希望把錢白白浪費在運費上。

那麼，我們都知道的一個公式：銷售額＝流量×轉換率×客單價×複購率。在某網路超商的這個營運策略中，每一次確認收貨後都會獲得一次抽卡的機會，這個引導帶來了流量；透過告知失效期限，觸發消費者的損失趨避心理，促使消費者產生購買行為，這又帶來了轉換率的提升；同樣的心理痛點再變換一個方式，為了促使你規避高昂的運費，誘導你湊單，讓本次訂單總價超過八十元，則是提高你的客單價；而下一次確認收貨後，你還是會重覆這個模式——這是提高複購率的策略。

的確，你不得不佩服其行銷策略，真是對消費者損失趨避的心理把握得爐火純青——於是乎，這樣的設計讓消費者購物上癮，不僅爭奪了市場佔比，還透過提高客單價，把整個市場的餅做得更大。

〈04〉

另一種把損失趨避運用到極致，促使消費者產生大量集中購買的策略叫作「倒數日發售」。一個典型的「倒數日發售」會分為三個階段。

第一階段，吸引注意力。在這個階段，企業所使用的策略是透過各種APP首頁、蓋版廣告、首頁焦點圖，甚至發訊息給你：有一個非常好的產品馬上就要發售了，而且價格也十分誘人，如果你不來看一眼可能就虧大了。

第二階段，預售。在預售階段，商家通常會像是讓你付一塊錢，用一個很低的門檻先把你吸引進來，反覆讓你產生一種恨不得立刻把錢付了，把貨帶回家的感覺。

第三階段，倒數日發售。這個「倒數日」通常會持續至少三天。第一天，由於前期已經聚集了關注度，那些迫不及待的消費者一定會在第一時間，甚至第一小時就把餘款付完，期待早一天拿到商品，早一點使用。

更絕的是，從第三階段的最後一天起，大規模的倒數計時通知又來了——最後二十四小時、最後六小時、最後三小時，直到最後一小時。

這一套組合打法特別令人稱道的地方在於，它不僅在注意力上拋出了誘餌，還讓你輕輕鬆鬆就付出一塊錢。這一塊錢看起來好像微不足道，但正是這微小的付出，企業可以準確掌握到底有多少目標消費者。

而且，由於「損失趨避」的存在，人們往往不希望自己付出的每一分錢被浪費掉，因此付過一塊錢的消費者，他們的購買機率自然也就大大增加。緊接著，透過倒數計時的反覆提醒，讓人產生一種錯過就是損失的錯覺，再一次觸發了消費者「損失趨避」的心理開關，迫使消費者付款買單。如此犀利的組合策略，消費者怎麼會不買賬？

〈05〉

你收穫的新知

損失趨避，是我們人類固有的一種特性，在面對相同數量收益和損失的時候，損失會讓我們倍感痛苦。而企業恰恰在一些行銷策略上利用了消費者損失趨避的消費心理，先透過一些小恩小惠讓你「上鉤」，再觸發「損失趨避」開關，從而促使你主動購買。

03 沉沒成本——五塊錢就能買到的「極致體驗」

為什麼一張五塊錢的紙幣可以賣到十七·五元？
什麼是沉沒成本？
為什麼很多人會堅持看完一部爛片，為什麼女孩子不願意放棄負心男？

〈01〉

我在讀職商學院的時候，一位受人尊敬的女教授曾經讓我們玩一個有趣的遊戲。她拿出一張嶄新的五元人民幣，請我們為這張紙幣開價，以五毛錢起拍，每次喊價也是五毛，出價最高者可以獲得這張五元的紙幣。不過，出價最高和第二高的同學需要付自己喊的價格。

一開始，同學們還有些靦腆，沒人主動喊價，我作為組織委員自然要帶頭積極參與班級的集體活動，於是就硬著頭皮，率先喊了一句：五毛！

看著我帶頭，學習委員也接招了：一元。

一下子，氣氛活躍起來了，來自IT產業的技術總監老梁舉了舉手，彷彿在參加真正的拍賣會，喊了一句：兩塊。

「二·五元」「三元」「三·五元」……叫價的聲音此起彼伏。

出價到四．五元的時候，叫價已經極其接近實際價格了，但如果遊戲到此結束的話，意味著喊價四元的聶女士（某跨國公司供應鏈管理的高級經理）也要按照規則支付四塊錢，作為喊價次高者的懲罰。為了避免這個懲罰，她不得不喊出五元試圖購買這張紙幣。

可遊戲並未就此結束，出於同樣的理由，剛才出價四．五元的老梁同學喊出了五．五元。這時，氣氛變得有一些詭異，有些同學露出了看戲的神情，有些把手握成拳頭放在鼻子前，陷入思考。

「六元」「六．五元」……「九．五元」「十元」……

最終，聶女士以十七．五元獲得了這張五元紙幣，而老梁則按規則支付十七元給我們敬愛的女教授。

〈02〉

聶女士和老梁平時並沒有什麼不和，但也沒過多的交情，我們都是同個MBA班的同學，只是中午休息的時候一起吃過幾頓飯而已。不過，在這場拍賣遊戲中，聶女士淨損失為十二．五元——拿到了一張嶄新的五元紙幣；老梁不僅淨損失十七元，而且什麼都沒得到；而我們的女教授卻僅僅是付出了一張五元新鈔，卻賺了二十九．五元，可以輕鬆搞定一頓還不錯的午餐。

這個結果讓第一次接觸該遊戲的我們跌破眼鏡。事後，女教授帶著我們總結這個遊戲。聶女士表示，當喊價達到五元時，自己不願損失，心裡一直期望老梁放棄。老梁也覺得自己當時存在僥倖心理，期望自己喊價後聶女士能知難而退。

結果大家都看到了，他們兩人互相抬價，本想迫使對方離場，最後卻雙雙遭到了損失。兩人在這個競價的泥潭中越陷越深，直到老梁發揮紳士風度，果斷地在聶女士喊出十七．五元的時候中止了這場無休無止的競價遊戲。

女教授讓其他參與者發言，大家紛紛表示，一開始只是覺得有趣，但越到後來越發現這其實就是一個坑，而身在坑中的聶女士和老梁發現時已經沒辦法全身而退，只能透過加碼博弈讓對方退出。

的確，每個人都可能有這種念頭，結果價格攀升，參與者更後悔，最後只有等哪一方率先恢復理性，這個遊戲才得以結束。

〈03〉

實際上，這個讓參與者痛苦卻上癮的五元拍賣遊戲已經出現過無數遍了。最早設計這個遊戲的人是耶魯大學博弈論專家馬丁．舒比克，他以這個「一美元拍賣陷阱」在哈佛、耶魯等世界頂級名校進行了多次實驗，最後經常是以二十至六十六美元的價格競拍出去。

所以，從這個結果來看，用十七．五元購買五元紙幣看來並不算太過吃虧。

不過，包括這兩位（一位技術總監、一位跨國公司高級經理）在內的所有同學，他們和其他參加過這個遊戲的人基本上都是智商過人之士，卻無不落入舒比克教授的陷阱之中，其中究竟隱含著什麼道理呢？

經濟學有個原理給了我們啟示。在經濟學中有一個概念叫「沉沒成本」（Sunk Cost），也就是指發生在以往，但和當前的決策並不相關的費用。

正如我們在上一小節講過的概念，由於每個人都有「損失趨避」的傾向，所以在決定是否去做某件事情的時候，往往不單考慮做這件事的益處，還會去看之前在這件事情上有沒有投入。

很多人之所以會堅持看完一部爛片，是因為覺得自己已經投入了電影票和看了前半部分的時間成本；女孩子不願意放棄一個負心男，也往往是由於自己已經在他身上浪費了幾年大好青春；而大多數股民也會因為覺得賣出已經下跌的股票就是承認失敗，所以，即使股票一直在下跌也仍舊捨不得拋出止損。

同樣的，如果你去過迪士尼樂園或環球影城，會看見遊客們經常排著長隊，花費六十分鐘甚至一百二十分鐘的時間，去坐僅僅三分鐘左右就結束的遊樂設施。其實，不是人們傻，而是這些排隊動線是經過了遊樂場設計師的巧妙設計。遊客會感覺到自己在往前移動，每次轉彎都覺得應該快到了，但這次轉彎後又是下一次轉彎，既然已經排這麼久了，就再堅持一下，總會排到的。

對此，二〇〇一年諾貝爾經濟學獎得主史迪格里茲一針見血地指出，就算是經濟學家也往往會忽略成本。

他曾寫道：「如果一項開支已經支出，並且不管做出何種選擇都不能收回，一個理性的人就會忽略它。」

〈04〉

沉沒成本讓人彷彿上癮般不願主動放棄，明明知道事情可能的結局，卻依舊抱著僥倖心理，以致於傷口持續出血，甚至到最後輸得一敗塗地。

如何清醒思考、克服人性的弱點，正是我們升級自身認知，將思想躍進更高領域的必經之路。

於是，美國投資界總結出了一個簡單而有效的法則——「鱷魚法則」。

鱷魚法則具體呈現了一個情境：「如果有一隻鱷魚咬住了你的腳，你下意識地用手試圖掙脫，鱷魚就會同時再咬住你的手；你越掙扎，被咬住的部位就越多。所以，如果你發現你的腳被鱷魚咬住了，最佳策略就是犧牲那隻腳。」

理解了這個法則後，下次當你遇到爛片、遇上負心人、買進不符預期的股票，以及在遊樂場發現排錯隊伍時，這個認知就很可能及時在腦海裡浮現，成為你的「免疫技能」，使你避免落入沉沒成本陷阱。

〈05〉

你收穫的新知

從一個拍賣五元人民幣的故事，你得以理解舒比克教授設計的「一美元拍賣陷阱」是怎麼一步步讓人陷進去，最終以遠高於紙幣價值的價格購買它。

同時，我們還瞭解了沉沒成本會觸發人們損失趨避的情緒，不願意輕易放棄過去投入的成本，做出及時中止損失的行動。

最後，我們還學習了美國投資界的「鱷魚法則」，當我們發現自己的腳被鱷魚咬住，最佳策略就是犧牲那隻被咬住的腳。

那麼問題來了，如果現在立刻讓你參加一次五元人民幣的拍賣遊戲，你的策略是什麼呢？你可以先思考一下，我會在本章最後一小節給出答案。

04 盲盒心理——不確定的獎勵讓你沉迷

遊戲是怎麼讓人不斷登錄或者立刻付款儲值的？
什麼是遊戲的「吸血」機制？
為什麼「吸血」機制的本質是利用人們的稀缺心理？

〈01〉

如果你是《奇葩說》節目的「鐵粉」，相信你一定在收看第五季時聽過這個名字：皇室戰爭隊。

不得不服，以品牌名作為戰隊名稱，然後在辯論比賽中被多次提及，的確是一種非常有效的廣告洗腦術。再加上「寶島辯魂」黃執中這個大IP作為導師帶隊，以「搞定你，最多三分鐘」為核心文案，給你一種投入時間不多就能輕鬆來一局的心理暗示。

這三大行銷心理說服術組成一套連招，終於攻破了我最後的防線，驅使我這個多年不玩遊戲的人乖乖安裝了這款遊戲。

我對這款遊戲非常感興趣，就在網路上做了一下調查。原來，這個看似簡單的即時戰術遊戲上架短短兩三年，收入就已達二十億美元，實在不容小覷。

認真體驗了幾天後，我更加覺得這款遊戲的成功絕非偶然：它的「手法」很深，存在很多讓消費者上癮的核心祕密。

〈02〉

傳統手遊吸金方法很單一，無非裝備、等級、皮膚三條主線，但要能轉化付費需要消費者活躍度，這問題倘若無法解決，作為玩家的你又怎麼可能乖乖課金呢？

「皇室戰爭」用的招數就非常取巧。它不是簡單粗暴地引導你進入遊戲商城，讓你付費購買稀有的兵種卡片，而是向你展示——你有四個寶箱空位有待填滿，總計可以放進四個寶箱。當你每局獲得勝利後，系統會送你一個黃金或白銀寶箱。想要打開這個寶箱，除非使用付費加值，否則就得等待八小時（黃金寶箱）或三小時（白銀寶箱）才能獲得大量綠鑽。

當然，同一時間內你只能打開其中一個，隨即啟動倒數計時。

這種機制的概念，表面上看似在善意提醒消費者：可以選擇停下三小時或八小時休息一下，實際上是一種非常高超的「吸血」機制。

為什麼呢？

因為當你開啟一個寶箱的倒數計時後，就只有兩種選擇：要麼選擇等待三小時或八小時，然後上線開寶箱；要麼花錢買綠鑽，迅速結束倒數計時，就能立刻打開寶箱，拿到裡面的兵種卡片。

這種鎖定消費者行為的設計是不是讓你想起了「煎餅果子加一個蛋還是兩個蛋」（就是沒給你不加蛋的選項）的故事呢？沒錯，這就是成交技術中的「假設成交術」，只是隱藏得非常巧妙而已。

但這還不是重點，如果選擇等待，你會怎麼做呢？你很可能會像大多數人一樣，差不多時間到就上線，打開你的寶箱，但是空出的一個寶箱位置會讓你心裡不太舒服（具體是什麼原因導致這種不舒服的感覺，我們會在後面章節詳細討論），那就玩上一局吧。

你有約一半的機率打輸一局，這會讓你想繼續玩第二局。但你贏了又會如何？一個寶箱空位會在你打贏遊戲後被系統贈予的寶箱填上，但勝利的快感會激發你再來一局！恭喜你，成功為積累這款遊戲的玩家使用時間做出了貢獻！

如果你選擇使用綠鑽，迅速結束倒計時又會如何呢？恭喜你，成功為這款遊戲的收入做出了貢獻！

〈03〉

這就是這套「吸血」機制的厲害之處，會讓你無論如何都投入錢或時間！

實際上，早在二〇一一年，遊戲設計師們就已經發現了這個祕密。曾有人說過：「遊戲設計師逐漸發現，如果讓玩家得等待四小時，就會有人願意花一美元來縮短等待時間。」反之，如果讓玩家得付一美元，就會有人願意等待四小時再上線。

這種設置讓珍惜時間的人覺得，我只要花一美元，就能節約四小時，這個決定很不錯，因為我的時薪遠高於〇．二五美元。同時，這也讓不看重等待時間的玩家認為，你看，我只要忍一忍，四小時後再玩，就相當於省了一美元。

這種雙邊取捨的手法營造了寶箱的稀缺感，這種稀缺恰恰是人們心中對一項物品的價值判斷，這項物品是實體還是虛擬則變得無關緊要了。

現實生活中，再好吃的牡丹蝦，如果讓你天天吃，還是會倒胃口；再普通的剩飯和白菜豆腐，在餓極了的人眼中，也等同於「珍珠翡翠白玉湯」。甚至有人戲稱，餓一頓才吃飯，是「米其林一星」，餓兩頓是「米其林二星」，餓三頓則是「米其林三星」。

這就是稀缺的力量——稀缺賦予了價值感，讓人珍惜，讓人不忍捨棄。

〈04〉

同樣的，當年幫助「魔獸世界」成功打開市場的法寶之一，就是雙倍經驗機制。如果你的角色在你離線期間「身處」旅館或者主城裡，那麼當你再次上線時，就能以真實離線時間計算，獲得雙倍經驗值。

當然，這種用來「打怪」升級的雙倍經驗也並非毫無限制，它最多讓你享受升一級的經驗值後，就宣告結束。

不過就像前面所說的，雙倍經驗只有角色下線時位於旅館或主城裡才能啟動。所以，無論是進城還是上線後的出城，都會損耗消費者在遊戲中的時間。這種操作不僅增加了觸發雙倍經驗的儀式感，也因為必須有一定投入才能獲得獎勵，更增加了獲得物的價值感。

電商提供優惠券也是相同道理。有些平臺優惠券發得太過廉價，消費者的帳戶裡有大把已過期的優惠券，這樣自然無法觸發使用的欲望。

一些高明的平臺則會把優惠券發得很有價值。比如，一些知識付費平臺規定：「只有在規定時間內登錄APP學習的消費者，才有資格在後臺獲得一張滿五十點一元現折五十元的優惠券。消費者在獲得該優惠券後自然會產生榮譽感，隨後在這張券過期前找到自己中意的課程，迅速把它用掉，避免自己的投入付之東流。」

〈05〉

你收穫的新知

從當下的熱門遊戲入手，我向你介紹了遊戲中鎖定消費者行為的「吸血」機制，這種機制會引導你要麼選擇在固定時間打開遊戲，要麼就付費加值。

同時，你還理解了「吸血」機制背後的本質是人們的稀缺心理，稀缺心理會讓我們不由自主珍惜來之不易的獲得物，然後你就會一步步落入產品經理為你設計好的「劇本」裡。

最後，我們再來看一道思考題：下面幾個，哪個選項利用了你的稀缺心理？

A：面試時設置的關卡超過七關。

B：日常買菜時買三十九元現折二十元。

C：遊戲APP每天簽到領鑽石，限前一千名。

選出你認為正確的選項，我將在本章的小結中為你揭曉答案。

05 總結──「入坑」，輕鬆開始的代價

無論你多麼謹小慎微，一款能讓人行為上癮的產品總會有一個輕鬆無比的開始，然後誘惑你逐漸「入坑」。你投入一定時間或者金錢成本後，就會捨不得放棄，何況還有一些相對稀缺的事件促使你投入更多。

想要清醒地思考並真正認識這個過程，我們可以總結、梳理出四大邏輯。

〈01〉

登門檻效應

還記得佛里德曼教授做的實驗嗎？這個實驗先是要求主婦在自家窗戶上掛一個小招牌，一段時間後再要求掛一個更大更醜的招牌，成功率高達五成；如果直接要求對方掛這個又大又醜的招牌，成功率僅為兩成。

是的，當你接受了別人一個微不足道的小請求時，為了避免認知上的不協調，又或者期望給別人前後一致的印象，你就很有可能接受其後更大的請求。

不難想像，我們現在所接觸的行動上網商品幾乎都是這種模式，因為不遵循這種模式的產品，幾乎都因為無法大量吸收消費者以換取現金流而遭淘汰。

所以，如果你接到一個聲音溫柔的客服小姐打來的電話，說要免費贈送你三個月流量，每月三十G，這可能不是詐騙，而是為了讓你試用他們的服務。三個月後，你已經習慣了奢侈的使用流量，就再也離不開這項服務了。

「一分錢看一個月影片」也是同樣的道理，商家並不是想賺你這一分錢，而是更看重你這個消費者未來能帶來的後續價值。這在遊戲推廣上也同樣適用。

新遊戲在初期都會給你七天的登錄福利，每項福利都讓人垂涎欲滴，而七天後就算沒有這些福利，你還是會繼續玩，因為登門檻效應和損失趨避效應讓已經投入七天時間的你捨不得刪掉這款遊戲了。

〈02〉

損失趨避

情境一：你在遊戲中獲得了兩個寶箱，一個打開後增加五百個金幣，一個打開後讓你損失四百個金幣。

情境二：你在遊戲中獲得了兩個寶箱，一個打開後增加十個金幣，一個打開後讓你增加九十個金幣。

同樣是獲得一百個金幣，以上兩種情形，哪種讓人更高興？

你告訴自己你是個理性人，但為什麼明明結果一樣，第一種情形反而讓你感到有一點難受呢？

讓我們來複習一下損失趨避這個概念：人們痛恨損失，面對等量的收益和損失時，人們更在意損失，獲得一百元的快樂無法抵銷損失一百元的難受。同理，儘管整體獲得一百金幣，但先獲得五百金幣，又再失去四百金幣，不舒服的感覺甚至會超過獲得所帶來的快樂。

所以，人們打從心裡厭惡損失。就像為了不浪費三個「已完成」的章，我兒子就算生病也堅持把課程上完；為了避免損失一分錢購買兩件商品的機會，消費者會一輪接著一輪上癮般購物；為了挽回預售階段的一塊錢損失，心理開關被觸發的消費者，往往逃不過「倒數日發售」這種組合策略的「收割」。

想要避免陷入損失趨避的認知偏差，你需要理解什麼是沉沒成本。

〈03〉

沉沒成本

沉沒成本就是雖然發生在以往，與當前決策無關，卻往往讓人過分眷戀的費用。如果你記憶力還不錯，你一定記得那個讓人「討厭」的遊戲，居然可以把一張五塊錢的人民幣賣到十七塊五毛錢，價格翻了三倍不止。

假如，現在讓你穿越到這張五元紙幣剛開始拍賣的那瞬間，你會選擇怎麼做呢？我猜你可能會跑上來就叫價四．五元，把所有人鎮住，這樣一來，由於不存在第二高的喊價，所以你認為雖然賺得不多，但好歹比用十七．五元買下它來得高明，對不對？

如果這樣想，你可能高估了人們的理性。因為在世界各地重複玩這個遊戲時，的確總是有「聰明人」採取了這個策略，卻總是被不明所以的「攪局分子」喊了更高價，以至於無論如何都會陷你於「次高喊價」的境地。此時此刻，沉沒成本已然出現，如果過分眷戀，繼續戀棧，會讓你一錯再錯，重蹈那些「聰明人」的覆轍。

既然沉沒成本一旦產生就容易使人產生戀棧情緒，那麼最好的對策是什麼呢？

顯然，最佳選擇是盡可能「避免入局」，憋住，別喊價，一次都不。

如果你發現自己已經身處局中，那麼，「鱷魚法則」將是你的最佳選擇。是的，如果你發現自己的腳被鱷魚咬住了，最佳策略就是犧牲那隻腳。同理，如果你發現自己已經因喊價而身處局中，造成了沉沒成本，那麼請深呼吸幾次，默默將自己調到佛系狀態，坦然地接受它，沉默應對沉沒成本，阻止自己繼續喊價。

〈04〉
稀缺心理

稀缺心理是消費心理學中「物以稀為貴」引起購買行為的原理。在本章第四小節的最後，我留了一道思考題：下面哪個選項利用了你的稀缺心理？

A：面試時設置的關卡超過七關。
B：日常買菜時買三十九元現折二十元。
C：遊戲APP每天簽到領鑽石，限前一千名。

選項A是我們經常會在一些老派外商或者明星公司看到的情形，難道是為了折磨面試者，才設置那麼多道關卡的嗎？實際上，這些負責招聘的HR個個都是心理學高手，為了檢驗應聘者的水準，設置道道關卡，增加你進入公司的難度，讓你在面試過程中過五關、斬六將，披荊斬棘、歷經磨難，這樣得到錄取通知的你才會更加珍惜。不僅如此，更高的門檻還可以篩選人才、吸引優秀人才注意力，讓他們蜂擁而至，升級「打怪」般衝到大Boss（老闆）跟前，展現自身出眾的能力。

選項B我們可能在一些買菜APP裡看到過，但這種行銷手法不太成功，原因在於沒有稀缺性。使用類似策略的企業一年中，幾乎是三百六十天都把促銷資訊掛在那裡，雖然對新客戶來說，的確有一定的誘因，可以帶來一定的流量，但這種例行優惠行為會使消費者覺得今天來和明天來都一樣，自然與「稀缺效應」沾不上邊。

選項C則是典型的「數量稀缺」。由於數量有限，人們會像在蘋果新手機上市前晚通宵排隊那般，一大清早睜開眼睛，率先登入遊戲APP，搶奪前一千名領取鑽石的名額。

所以，這道稀缺心理問題的答案並不難，是A、C。

〈05〉

清醒思考

總的來說，行為上癮原理之二——輕鬆「入坑」，其本質是用一種非常輕的模式帶你入門檻，開始使用一種產品，然後透過精心設計的遊戲關卡與回饋，不停督促你增加在商品上花費的時間或金錢，利用「損失趨避」心理讓你產生與商品間的黏著度。當你的投入達到一定程度時，由於沉沒成本的存在，你離開商品的難度逐漸增加，再之後，利用「吸血」機制與稀缺心理這種組合搭配，讓消費者繼續使用或付費。

Chapter 4

即時回饋，利用你想被回應的內在渴望

01 即時回饋——是什麼讓你一分鐘看一次手機

猜一猜，你的智慧手機一天會被你解鎖幾次？
為什麼說無回應之地，即為絕境？
為什麼我們發文後會忍不住不時打開手機，看看有多少人按讚或評論？

〈01〉

如果你在捷運上觀察周圍的人，會看到幾乎人人都已成為低頭族，不僅是上班族和學生，就連爺爺奶奶們也不例外，他們之中大部分的人都不停在滑臉書等社群網頁。

如果你看到「通知」的小紅圈，會不會也和大多數人一樣，急急忙忙去點開，看看是誰按了你的讚或留言？

如果你恰好看見某個Line群裡有人標記你，就算你正在處理一件非常重要的事情，是否也會立刻停下來點開這個群，看一下對方到底和你說了什麼？

我身邊有很多人就無法忍受未讀資訊，幾乎每隔幾分鐘就要解鎖一次手機，看看有沒有最新消息需要處理。

請相信我，這樣的情況並不是個案。二〇一六年有一項關於中國智慧手機使用情況的調查顯示，一般消費者平均每天解鎖手機的次數為一百二十二次，而對極端消費者而言，數字就更加恐怖——竟然可以高達八百五十次！

為什麼這種行為上癮的程度會如此深呢？

事實上，從本質上來講，產品經理設計這些APP的目的就是牢牢吸住人們的注意力，讓消費者把時間花費在這裡。這些巧妙設計的背後，利用的就是人類對即時回饋的強烈心理需求。

〈02〉

為了幫助你理解我們人性中對這種即時回饋的心理需求，這裡要介紹一下心理學家赫洛克做過的一個實驗。

赫洛克當時把受試學生分為四個小組，讓他們在不知情的情況下，按照不同的回饋情境完成任務。

第一組為表揚組。每次完成任務後，實驗人員都會使勁表揚這組學生。

第二組是批評組。無論這組學生任務完成得如何，實驗人員都會批評他們。

第三組是被忽視組。這組學生完成任務後既沒有表揚也不批評，只讓他們靜靜的聽其他兩組受試者接受表揚或批評。

第四組為控制組。將他們與前三組隔離，不給予任何評價。

在四種完全不同的策略下，赫洛克開始觀察他們從第一天到第五天的平均成績，結果讓他很滿意：

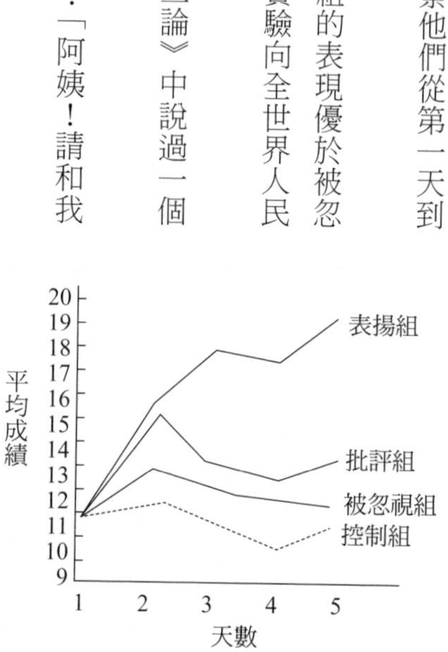

實驗結果顯示，表揚組成績最優異，批評組的表現優於被忽視組，控制組表現最為糟糕。赫洛克透過這個實驗向全世界人民宣告「就算是負面的回饋也比沒有回饋好」。

無獨有偶，佛洛伊德也在他的著作《性學三論》中說過一個類似的故事：

一個年幼的男童在一間漆黑的屋子中大喊：「阿姨！請和我說說話！這裡太黑了！我好害怕！」

阿姨回答說：「這樣做沒有用，你又看不見我。」

男童回答說：「沒有關係，有人回應就有了光。」

有人回應就有光，沒人回應就是深深的黑暗。無回應之地，即為絕境。

〈03〉

還有一個實驗，能更進一步解釋「按讚」為什麼讓人如此著迷。

心理學家史金納特別喜歡拿動物做實驗，他發明了一種專門用來觀察小白鼠行為的史金納箱（Skinner Box）。在這個當時看來非常複雜的裝置中，饑腸轆轆的小白鼠可以透過按壓一塊金屬小板，獲得一次食物。

剛開始，饑餓的小白鼠每按壓一次金屬板，都能得到掉落的食物，這個回饋讓小白鼠學會了按按鈕，並且讓牠感覺到「行為」和「獎勵」是有某種內在聯繫的。當然，史金納調整了設置，使按壓金屬板不再掉落食物後，小白鼠的按壓行為也會逐漸消失。

史金納覺得這個結果還不能說明問題，於是又換了一種玩法：將食物的投放與小白鼠每次按壓金屬板的關聯從開始時的百分百完全相關，換成一定程度的隨機機率相關。實驗發現，隨著機率逐步降低，甚至低到需要按四十至六十次才掉落一次食物時，小白鼠不但不會停下按壓行為，反而會發了瘋似的不停按按鈕。

為了證明實驗結果的普適性，史金納又把實驗的對象從老鼠換成鴿子，最後結果證明，史金納箱也同樣能改變鴿子的行為，鴿子每秒會做出兩到三次行為反應，而且這種行為可以持續十五個小時不停歇。

無論是老鼠、鴿子還是人類，大腦的運作機制其實是差不多的。實際上，我們發動態的行為，完全可以視為史金納箱中的小白鼠按壓了一次金屬板，而朋友們的按讚或留言，則好比箱子投放出來的食物——是給我們大腦的獎勵。

顯然，我們發的內容肯定不可能得到百分之百的回饋，按讚或留言必然也是隨機的，這取決於朋友是否正好看到這則動態，或者看到後他是否選擇做出回饋。即使獲得回應的機率極低，這種奇妙的回饋依舊會改變我們的行為，促使我們發文後不停看手機，看看有沒有朋友按讚或留言。

〈04〉

實際上，我們日常使用的手機應用軟體中，不只是社群類軟體植入了史金納式的回饋機制，外送、新聞、影音類APP上都有類似的回饋機制。這些APP有的是積分，有的是禮券，還有的是閱讀或收聽時間打卡，或每日簽到的福利，有的甚至直接提供現金回饋，這些都會讓我們產生行為上癮。

當然，從積極的角度來講，史金納的實驗還解釋了我們健身時花錢請一名教練為什麼值得。因為一開始投入運動時，運動產生的多巴胺並不足以讓人產生被獎勵的滿足感，而教練在一旁的鼓勵吶喊甚至批評責罵都是一種即時回饋，會讓我們已經筋疲力竭的身體再次繼續下面的運動。

〈05〉

你收穫的新知

赫洛克和史金納的實驗幫助你理解了生物對即時回饋的強烈需求，任何即時回饋都能有效改變你我的行為，讓我們上癮。因此，理解了這些後，我們再回頭看看捷運、公車上的「低頭族」們，看他們時不時重整網頁、瀏覽動態……我們就會明白——這一切都是情有可原的。

02 迷戀小機率事件——到底有多少人可以靠角子老虎機「一夜暴富」

猜猜角子老虎機對賭場收入的貢獻是多少？

什麼是「迷戀小機率事件」？

角子老虎機的四種回饋機制如何牢牢吸引住賭客？

〈01〉

你曾去新加坡、澳門旅遊嗎？如果有，那你有沒有去當地酒店裡的賭場試過手氣呢？財經作家吳曉波曾經在節目中提到，他的兩個朋友每次進入賭場前，由於擔心自己賭博上癮，都會把自己大部分財物交給對方，身上只留少量的籌碼。然而，很快，他們就把這些籌碼輸光了，隨後兩人會不約而同地在賭場裡尋找對方，拿自己的錢交換更多籌碼……

的確，大部分人鮮少涉足賭場，甚至僅僅是在電影上看到過。在我們看來，賭場就像是一個「大錢坑」，有大量的賭博遊戲，如二十一點、俄羅斯轉盤、德州撲克等，輕輕鬆鬆就能把賭客手上的籌碼贏走。

但你可能不知道的是，以上提到的這些賭博遊戲，「吸金效率」都遠遠比不上一種不起眼的賭博設備——角子老虎機。

〈02〉

一八九五年，查爾斯．菲發明了一款有老虎圖案的機器。他怎麼也沒想到，這款後世被稱為角子老虎機（Slot machine）的設備，會成為無數人為之瘋狂的賭具。

角子老虎機的使用非常簡單，無須他人指導，只要將籌碼投入投幣口，接著拉動一側的搖臂，角子老虎機玻璃框中的圖案就會瘋狂旋轉，當旋轉逐漸緩慢並趨於停止時，只要出現特定圖形（比如三個「七」），機器就會吐出大量代幣，這無疑會促使玩家的大腦分泌大量多巴胺，同時也會讓站在一旁圍觀的人躍躍欲試。

不僅如此，角子老虎機最刺激的地方在於，機器頂部一般會配備一個累計獎金池，當玩家拉到一次大獎的時候，獎金池裡的所有獎金全部歸你，讓你產生一種只用少量籌碼就能以小搏大的錯覺。

〈03〉

正是因為這種以小搏大的錯覺，造成了一幕幕人間悲劇。

某天早晨，五十二歲的史考特與結髮妻子史黛西擁抱後出門，妻子本以為丈夫會去參加一場面試，沒想到，史考特直接驅車前往三十五公里外的賭場。

在賭場的自動櫃員機前，他取出了提款卡中的一萬三千四百美元，隨後走向了自己最愛的角子老虎機。四個小時後，史考特輸掉了一萬三千美元。他帶著最後的四百美元，離開了賭場。

在一張桌子上，他寫了一封長達五頁的信給完全不知情的妻子，詳細說明了自己的財務情況，以及他是如何在最後這段時間裡輸掉自己的養老基金、女兒的大學基金，又是如何刷爆了自己的信用卡。

信的最後，史考特請求妻子火化他的遺體。做完這一切後，他掏出一把獵槍，結束了自己的生命。

無獨有偶，三十七歲的英國人胡思英．亞曼跟史考特一樣選擇了自殺。在某個星期日晚上，胡思英．亞曼於倫敦東部的一家購物中心玩角子老虎機，短短數小時內就輸掉了兩萬五千英鎊。他接受不了這樣的現實，於是萌生了自殺的念頭，第二天早上被人發現自縊於家中。

為什麼角子老虎機對賭徒的吸引力會那麼大？為什麼他們寧可冒著一無所有的風險也要去玩？

〈04〉

要解釋上面有關角子老虎機的「靈魂三問」，我們先來瞭解來自二〇〇二年諾貝爾經濟學獎得主丹尼爾．康納曼的展望理論（Prospect Theory）。展望理論中有一個人類決策模型，稱為「迷戀小機率事件」。

什麼叫「迷戀小機率事件」？

和我們在第三章中講到的「損失趨避」恰恰相反，迷戀小機率指的是當我們的投入極小，但收益巨大時，人們的決策偏好就會發生大逆轉，從風險厭惡轉變成偏好風險。

比如，雙色球彩券只要投入兩元就有可能贏取五百萬元的大獎，儘管中獎的機率只有一千七百萬分之一，相當於你每天搭一次飛機，連搭八千兩百年而遭遇一次飛機失事的機率。但由於投入實在太小，一注只需要花兩塊錢，用一點點的投入就能換取一次實現「一夜暴富」的機會，因此，吸引人們不斷為自己「編織美夢」，幻想有一天自己能成為那個上天眷顧的幸運兒。

就像我們經常聽到的彩券廣告：「彩券獎金就是你的存款，只不過你忘了密碼，每次輸密碼需要兩塊錢。」

〈05〉

瞭解了「迷戀小機率事件」決策模型後，讓我們再回到角子老虎機的話題。角子老虎機的吸引力就在於以小搏大，讓你每次用一枚籌碼（十美元）的投入換取贏得獎金池裡所有獎金的機會。

不僅如此，在此基礎之上，角子老虎機還有四種牢牢吸引消費者乖乖坐在同一台機器前的回饋機制：

第一種，**聲樂刺激**。人是感官動物，使用角子老虎機時，會重複投幣、拉杆等一系列動作和帶有節奏感的電子樂音，這些回饋都深深影響人的情緒，雖然十次投幣可能只有一兩次有所產出，但中小獎時，伴隨著機器發出的音樂刺激，足以放大賭徒贏了小獎後的快感，鼓勵你投入更多籌碼，繼續遊戲。

第二種，**免費餐飲**。連續輸錢無論對誰來說都是一個巨大的打擊，可能會導致賭徒憤而離場，降低角子老虎機的使用率。為了保持上機率，賭場會安排漂亮的服務生以「幸運大使」的身份贈送處於崩潰邊緣的賭徒免費的飲料、餐券甚至代幣，這無疑會撫慰他們受傷的情緒，激勵賭徒們重振旗鼓，再次開戰。

第三種，**資料助推**。「幸運大使」雖然是一個絕妙的主意，但這需要一定的人力成本，而且判斷賭徒是否處於崩潰邊緣還需要一定經驗。現代的大數據技術提供了一個完美的解決方案——透過統計和演算法，大數據能預測哪位賭徒很快就要離席了，這時機器會給予將要離席的賭徒一個中等強度的積極回饋，讓他中一次獎。這種「留客」的效率比「幸運大使」的方式高了不止一級。

第四種，**沉沒成本**。角子老虎機的獎金池以醒目數字立在機器頂部的原因，就是要激發賭客對沉沒成本的厭惡。賭客每次投入籌碼都會立刻增加獎金池的數字，這讓他每當內心生出離開的想法時，就會由於捨不得已經投入的大量沉沒成本而打消離場的念頭，告訴自己再堅持一下，說不定下一次就能把老本搏回來。當然，也正是由於這種心理機制，才導致了諸如史考特與亞曼這樣的悲劇。

〈06〉

你收穫的新知

角子老虎機之所以會成為賭場裡的殺手級設備，為賭場帶來大量收入，正是由於它完全符合展望理論中「迷戀小機率事件」的決策模型。也就是說，當我們的投入極小，但收益巨大時，人們的決策偏好會發生大逆轉，從風險厭惡轉變成偏好風險。

同時，我們還瞭解了讓賭客乖乖久坐在同一台機器前的回饋機制，這些回饋機制讓每一個沉溺其中的人都無法自拔，在上癮路上一去不回頭。

清醒思考，方能不被左右；認清結局，拒絕誘惑。一如反駁那句混淆邏輯的廣告詞：「彩券獎金就是你的存款，只不過你忘了密碼，每次輸密碼需要兩塊錢。」遺憾的是，每次輸入錯誤，密碼就會改變。

03 差點就贏——「再來一次就夾到娃娃了」

為什麼人們寧願花更多的錢去夾娃娃，而不是直接花錢買一個便宜又美觀的玩偶？
為什麼打麻將「聽牌」的時候會讓人感覺很興奮，就算輸了也有很強的動力去玩下一局？
為什麼過來人喜歡說：戀愛就像放風箏，不能抓太緊？

〈01〉

很多大城市的商場裡都有夾娃娃機，如果你仔細觀察，就會發現，一台機器平均要投幣十五到二十次，才能吊到一個鳳梨大小的玩偶娃娃。按照每次投幣兩枚，每枚幣花費一元人民幣來計算，吊到一個娃娃大約要花費三至四十人民幣的成本。

如果直接花錢買，不僅花的錢更少，還能挑選到樣式更好看、更大的娃娃。所以，基於這個反經濟學的現象，引出了一個非常有趣的話題：為什麼我們寧願花更多的錢去夾又小又未必特別喜歡的娃娃呢？

很多消費者說，其實夾娃娃不只是為了裡面的玩偶，更多的是享受夾娃娃的整個過程。當然，如果能學會網路影片裡那些神人夾娃娃的方法，用更少錢夾到更多娃娃，那就更有成就感了。

〈02〉

為了這份成就感，你搜索並一個個看完這些教你怎麼夾娃娃的影片，感覺自己基本上掌握了關鍵的訣竅後，就自信滿滿地來到遊樂中心，期望能在人前露一手。按照影片裡面的方法，你開始小心翼翼地移動機器鉤爪。鉤爪停下後，你又從多個角度確認它確實已經到達指定位置。你覺得這次成功的機率極大，於是深吸一口氣，重重地按下按鈕。

鉤爪開始下降，它準確地落在娃娃正上方，三個鉤爪瞬間抓牢娃娃，緩緩地升起。但此時你不敢鬆懈，右手依舊緊緊地按住按鈕，彷彿用的力氣越大，鉤爪的抓力也就越強。

近了，更近了！娃娃即將到達洞口！正當你感覺這次就要成功時，鉤爪卻突然鬆開，娃娃在洞口邊緣的塑膠擋板上停了一下，然後又掉了回去。

你不甘心，心想可能是我的位置還有問題，而且剛才「甩爪」的核心技術還沒用上，再來一次應該可以！於是你再次嘗試，然後是第三次、第四次……當你終於如願以償，在圍觀人士熱切眼神的共同矚目下夾到娃娃時，你已經夾了二十三次。

二十三次，學了影片比不學還糟糕，這是什麼道理？

事實上，如果你去追溯影片的來源，最後很可能會發現，影片的上傳者其實是遊樂中心的推廣人員。他們把「方法」教給你，給你一種用技術就能成功的期待，然後透過調整機器設置，促使你產生每次都只差一點點就能成功的感覺，這種感覺牢牢地套住你，讓你心甘情願地為其花錢。

〈03〉

為什麼「差一點就贏」的感覺對人的影響會那麼大呢？

美國暢銷書《普魯斯特是神經學家》作者、《紐約客》特約撰稿人喬納．雷勒在他的文章中介紹過下面這個實驗：

科學家設計了一個針對老鼠行為的實驗，實驗的裝置類似齧齒動物界的賭場。裝置上方有三盞燈，老鼠可以按壓杠杆來實現一次「賭博」行為，只要三盞燈同時亮起來，老鼠就「贏」了，勝利的獎品是一小團食物。

而如果老鼠沒在三盞燈同時亮起時按壓，就會「輸」，失敗的代價是時間懲罰，燈會全部熄滅，要等上幾分鐘燈才會重新亮起來，才能啟動下一輪遊戲。當然，對老鼠來說，失敗是最痛苦的，得到的是等待的焦慮和煎熬。

實驗結果非常有趣。老鼠熟悉了這個遊戲之後，會在三盞燈同時亮起時表現出按壓杠杆的反應。但讓人意外的是，只有兩盞燈亮起來時，老鼠居然也會去按壓杠杆，在實驗人員給老鼠注入多巴胺藥物後，這種傾向更明顯。

研究人員分析，老鼠的這種反常反應是因為大腦興奮，「差一點就贏」的狀態對大腦的獎勵迴路是強力回饋。從多巴胺分泌的角度來說，「差點就贏」和「真正贏了」對生物大腦的激勵作用是類似的，兩種情況都能非常有效地刺激快樂中樞，從而引發老鼠採取行動。

〈04〉

同樣情形也會在兩性關係中出現。很多人覺得男女之間還沒確定關係的曖昧期很讓人回味，不比真正進入熱戀期的體驗遜色，這種反應同樣是由於人的大腦無法分辨「差點得到」還是「真正得到」對方所造成的。

很多過來人會告訴你：戀愛就像放風箏，不能抓太緊。所以，在對方還沒那麼愛你的時候，要想讓對方「入局」，就要製造「還差一點才能得到你」的感覺。

夾娃娃機這類遊戲之所以如此設計，就是為了營造「差點就贏」的錯覺——不停讓你燃起希望，讓你投入金錢的同時保持對下次遊戲的期待，一次又一次投入更多的時間和金錢。

正因為受到市場的歡迎，夾娃娃機的出貨量在五年間成長率超過了十．六五％。不僅如此，線上夾娃娃APP也自二〇一七年起突然爆發，成為共享單車後的小趨勢，以及眾多資本追逐的投資寵兒。

〈05〉

你收穫的新知

在行為上癮的原理中，人類大腦獎勵迴路對「差點就贏」和「真正的贏」都會產生積極回饋，兩者都能非常有效地刺激快樂中樞，激發大腦分泌更多的多巴胺，讓不論是人類、齧齒生物還是其他生物都能持續行動，難以自控。

基於這個結論，在設計類似的上癮遊戲時，有經驗的產品經理都會刻意為消費者在體驗環節中營造「差點就贏」的感覺，把消費者們的負面感知包裝成正面回饋，不停引燃消費者的積極性，讓消費者保持對贏的期待，進而一次又一次投入金錢和時間，並樂此不疲，深陷其中而不自知。

04 隨機獎勵——不確定的「得到」為何令人興奮

為什麼有人為了集齊虛擬裝備套裝能連續奮戰半年之久，不知疲倦？
什麼行銷策略會讓消費者在不太想喝奶茶時也買上一杯？
什麼是「事件隨機」的行銷方案？

〈01〉

你過年時玩過微信紅包接龍嗎？這種接龍通常是群組裡有人率先發起，說稍後會發出總額一百元的紅包，搶到其中最大金額紅包的那個人也要發一個同樣總額的紅包，以此類推。

你點開紅包，十一．八八元這個數字映入你的眼簾，再一看，滿螢幕的三．七九元、五．六五元、八．一六元……你暗想：這下完了，馬上要損失一百元了。當最後一個數字為十二．三三元的紅包赫然出現在名單上時，你鬆了一口氣，嘴角立刻揚起一道弧線，因為這個遊戲還有另一個名字：第二名獲勝！

公司尾牙抽獎時也是這樣：四等獎、三等獎、二等獎紛紛落幕，只剩下一等獎沒抽了，大多數人的眼睛會盯著大螢幕上不停滾動的名單，有的人假裝在吃菜，但仍舊豎著耳朵等待主持人的聲音；有些人腳尖朝著門外的方向，卻依舊扭身望向大螢幕……

終於，大獎揭曉！燈光亮起，有人扼腕嘆息，有人放下筷子，有人穿上外套，有人已經走出大廳。

以上是隨機獎勵的典型案例。隨機獎勵表示只有少數人能得大獎，更多人只是陪跑。儘管是陪跑，在結果宣佈前，絕大多數人卻依然滿心期待。

為什麼隨機獎勵對人的吸引力那麼大？在本章前面介紹的史金納實驗中，無論是小白鼠還是鴿子，每次按壓小推板，都會有一定的機率贏得掉落獎勵，所以，牠們會瘋狂按壓推板，直至精疲力竭。

在引起人們行為上癮的隨機獎勵中，大致可以分為**內容隨機**、**數額隨機**和**事件隨機**三種，無論哪種隨機獎勵，對人們都有極強的吸引力。下面，就讓我們一一瞭解它們。

〈02〉

首先，我們來說說內容隨機。

如果你小時候買過一種叫做「點心麵」的零食，很可能就跌進過搜集卡片的「陷阱」中，難以自拔。廠商很高明，他們請了專業美術，繪製無版權的水滸系列一百零八張卡片（對應《水滸傳》中一百零八條好漢的角色），隨機放進每袋點心麵裡。

於是，很多人買點心麵不是為了吃，而是為了搜集卡片。甚至有人買櫝還珠，買了點心麵只為了要裡面的卡，把點心麵隨便送人。更誇張的是，有的人甚至為了集齊卡片，出高價收購稀有卡片。一時間，這種點心麵在同類商品中銷量遙遙領先。

集卡這種行銷手法現在還在使用。某網路製作公司出品的一款遊戲同樣將隨機抽卡策略玩得爐火純青。這款遊戲將裡面的人物設定為N級、R級、SR級和SSR級四種，其中最稀缺的自然是SSR級。每次玩家抽卡前都需要自己用手指在螢幕上畫一個符，儀式感十足。有些一連幾十次抽不到心儀卡片的「非洲酋長」玩家（表示手氣差）會在網上反覆研究，到底要畫什麼符、畫得有多標準，才能增加抽到SSR級卡片的機率，並增加自己的「歐氣」（表示手氣好）。

著名的「魔獸世界」雖然不抽卡，但下副本、抽史詩級裝備卻也是玩家們樂此不疲的日常活動。由於一些套裝裝備的配件分別存在於不同副本中，而打敗大Boss，掉落該裝備又是隨機小機率事件，所以，一個玩家為了集齊史詩級套裝的八個配件，甚至可以每週持續玩同一個團隊副本，而且很可能玩上半年都還沒有搜集齊全。

〈03〉

數額隨機。

中國的微信與支付寶在支付端的競爭可說是進入了白熱化，為了搶佔支付入口，各自的團隊都在亂數數額上動足了腦筋。

微信的隨機玩法叫作「搖一搖免單」，通常每逢週末或假日，使用微信付款就會出現這個活動。「搖一搖免單」最大的樂趣在於消費者有機會獲得全額免費——即使搖到的並非全額免費，也會得到一個小額紅包。這樣做是為了鼓勵人們再次消費，在下次的消費中使用已獲得的紅包，同時也能刺激消費者，使其大腦產生歡悅的感覺。

一旦有幸運兒真的搖到全額免費，他們就會忍不住在朋友圈裡或和好友聊天時炫耀一番，這樣又會促使更多人在週末或過節假日時主動使用微信支付。

支付寶走的則是日常路線。採用「一根蠟燭兩頭燒」的模式，給商家和消費者雙重補貼，每天每個消費者可以領取的亂數金額通常是一毛至十元不等，每日限使用一次。雖然數額不多，但消費者突然領取一次一．二元，和平時領到的一兩毛錢相比，消費者腦內就會分泌多巴胺。

不同於微信的是，支付寶在消費者使用時還會給予商家補貼，這也鼓勵了商家把支付寶紅包行動條碼貼在最醒目的位置，從而鼓勵和提醒消費者使用。

除了日常紅包之外，支付寶還與商家合作過一種「隨機現折一元或十元」的策略，這種策略促使不少消費者衝著「現折十元」而來，在並不是特別想喝飲料的時候，為了參加一次抽獎活動而購買奶茶或咖啡飲品。當然，最終更多的人獲得的獎勵是「現折一元」。

〈04〉

最後，我們再來談談事件隨機。

二〇一八年世界盃期間，華帝股份有限公司成為行銷界的「黑馬之王」。華帝在某報上刊登了整版廣告，向所有消費者宣佈：如果法國隊奪冠，在六月一日零點至六月三十日晚上十點購買「華帝套餐」的消費者，一律按產品發票金額退款。

雖然華帝並不是世界盃的直接贊助商，但這個「事件隨機」行銷方案一出，立刻讓華帝成為各路媒體報導的對象，不僅產生了數以億計的品牌曝光量，更是讓消費者爭相購買華帝的產品。

更絕的是，儘管最終法國隊奪得了冠軍，華帝也的確按照承諾啟動了「全額退款」方案，但由於此次行銷事件中華帝同步存在另一個方案——在臨櫃設計了一個不參與「全額退款」活動可以直接拿贈品的選項，讓不少消費者主動選擇了後者。

在這種「事件隨機」行銷加「贈品」策略的組合攻勢下，最終，在華帝成長了二・三億的銷售額中，只有七千九百萬元的退款。更何況，在這波行銷中，華帝真正付出的也只是產品的成本價，卻因此獲得了巨大的品牌曝光量。

顯然，隨機獎勵與史金納的實驗結論高度相似。隨機獎勵的主要方式大致分為三種：〈05〉

內容隨機——通常以隨機給卡，讓人搜集的方式呈現；

數額隨機——隨機讓消費者全額免費或隨機現折；

事件隨機——在特定事件發生的條件下觸發諸如全額免費等優惠活動。

正如中國物理學家、科普作家萬維鋼所言：「確定的失去，讓人恐懼；不確定的得到，讓人興奮。」隨機獎勵的方式讓消費者瘋狂，在「不確定得到的興奮」中欲罷不能。當然，運用隨機策略的商家也因此而獲得了令人矚目的業績。

05 總結——這些設計讓你停不下來

「無回應之地，即為絕境」——心理學家武志紅這句話大抵上總結了人類對回饋的需求。人們打從內心深處渴望回饋，於是朋友圈成了最容易得到回饋的入口；人們迷戀小機率事件的巨量回饋，因此賭徒讓角子老虎機「吃掉了」自己的家庭幸福甚至寶貴的生命；「差點就贏」猶如「真正的贏」一樣，不停刺激你的大腦分泌多巴胺，於是夾娃娃機讓你明知付出很多，卻依舊不停嘗試；不確定的獲得讓人興奮，因此隨機獎勵讓人欲罷不能。

本節是我們第四章的小結，我將用更多的內容來說明，好讓你理解「即時回饋」對上癮行為的操縱。

〈01〉

史金納箱式的回饋

本章第一小節，我們講了在史金納箱裡餓昏頭的小白鼠和鴿子，為了讓食物掉落而去反覆按壓推板，當把掉落的頻率調整為按四十至六十次時，兩種小動物都表現出瘋狂的按壓行為。但你可能不知道，這個實驗還沒結束，實驗人員就已經培養出了「迷信的鴿子」。

在被測試的鴿子中，實驗人員明顯觀察到，有幾隻鴿子會在按壓前做出非常奇特的動作。比如，A鴿在按壓前會逆時針轉上兩三圈；B鴿會先把腦袋反覆伸向某個位置；C鴿的頭會做出類似舉槓鈴的上下舉動動作；D鴿和E鴿則呈鐘擺狀搖晃。

鴿子們這些舉動不是因為牠們被實驗人員逼瘋了，而是它們有好幾次獲得食物前都恰巧做了以上動作。於是這些小傢伙就堅信，正是做了這些動作，才使「史金納大神」顯靈，讓牠們成功獲得食物。

發現了這個現象後，實驗人員嘗試把投遞時間間隔調整得更長，以便記錄牠們進一步的舉動。以鐘擺搖晃的鴿子為例，他們發現，當投遞時間的間隔延長時，鴿子的擺動行為變得更加明顯，看起來就像是一個真正的鐘。

為了讓鴿子「破除迷信，相信科學」，實驗人員撤除了強化，史金納箱再也不掉食物了，儘管如此，牠們還是在重複了大約一萬次擺動動作後，才完全放棄此前的「迷信行為」。

除此之外，這個實驗結果還解釋了：為什麼有些人在扔骰子前會習慣先在拳頭上吹一口氣；為什麼不少人在家裡不被允許說「好久沒有生病」這樣的話；為什麼一些開發商一定要在建案動土前先去現場上一炷香……

因為在他們人生中的某一時刻，自己或者與他們關係親近的人當中，很可能有人像鴿子那樣，在某次正面或負面回饋前做了類似的舉動。

〈02〉

迷戀小機率事件

中國著名的商業諮詢專家劉潤在他的熱門專欄——《五分鐘商學院．實戰篇》裡介紹過餐飲店老闆想出的一套行銷小妙招，這套妙招不但非常容易模仿，而且效果也很不錯。

具體做法是：顧客結帳時，老闆會邀請用餐的顧客用三枚骰子玩一個遊戲，如果顧客扔出了三個「六」，那麼這頓飯就免費。

只要有一點數學知識的人其實都能算出，這個遊戲的獲勝機率是六分之一的三次方，也就是〇．四六％，這意味著平均每兩百個人僅有一個人能整單免費。

這就是典型的小機率事件，但恰恰就是這種小機率事件讓消費者著迷。

對消費者來說，其實在哪家店吃飯都無所謂，只要菜價和口味差別不太大，都在選擇範圍之內。如果某個坐落於商務區提供商業午晚餐的餐廳使用這個策略，用每天接待兩百到四百位顧客計算，那麼幾乎每天會產生一至兩位免費用餐的幸運顧客。

這種平均每天觸及一兩次的幸運案例不僅能讓得到免費的顧客興奮不已（雖然其實也沒多少錢），而且要是老闆有足夠的行銷意識，就會製作一個專門的吉祥物放在店門口，誘導免費用餐的消費者拍照發文。那麼，這家餐廳將很容易在小範圍內人氣大增，吸引在附近上班的人前來一試。

〈03〉

差點就贏

本章前面的小節中，我們已知悉了「差點就贏」的狀態對大腦造成的獎勵迴路，這種強度回饋能讓大腦保持興奮。從多巴胺分泌的角度來說，「差點就贏」和「真正贏了」對大腦的激勵作用是類似的，都能有效刺激快樂中樞，從而讓生物持續行動，停不下來。

但感性上，我們又覺得好像缺少了一些什麼。下面的思想實驗將幫助你體驗一次「差點就贏」對後續行動的不同推力。

想像一下，下面哪種情況會讓你更難受，讓你心癢：

A：你從沒買過任何股票，然後新聞報導某支股票連續漲了五個漲停板。

B：你觀察了某支股票幾天，然後新聞報導這檔股票連續漲了五個漲停板。

C：你持有一支股票，在小賺二%左右拋售，之後你就沒去關注它。一週後，新聞報導這支股票連續漲了五個漲停板。

D：你持有一支股票，在虧損兩成的情況下，有一天你突然決定放棄，拋售後就沒再關注它。但一週過去了，你突然看到新聞報導這支股票連續漲了五個漲停板。

上述選項中的事實完全相同——這檔股票連續漲了五個漲停板，卻因前置狀態不同，我們的感知會存在巨大的差異。其中，最讓人痛苦和難以忍受的正是「差點就贏」——這種認知偏差很可能讓人做出情緒化的決策，激發人的「賭徒心態」，使人很容易不經過思考就採取行動，重新把資金投入一支「很有潛力」的股票，甚至重新買回這支已經歷五個漲停板的股票。

〈04〉

隨機獎勵

隨機獎勵是一種深具魔性的回饋。我在前面說明過能引起人們行為上癮的隨機獎勵中，大致分為內容隨機、數額隨機和事件隨機三種。

內容隨機

我們最熟悉的內容隨機莫過於支付寶的「集五福」活動。只要是一個「福」字，哪怕是手寫的，打開支付寶掃一掃就能隨機掃出一張福字。這五張福字中最難掃到的就是「敬業福」，每年總是最晚出現，一旦你掃描出「敬業福」，必然伴隨著大腦分泌大量的多巴胺，讓你倍感興奮。五福集齊後，在除夕夜當天，支付寶還會有第二輪隨機獎勵，那就是數額隨機。

數額隨機

除夕夜，當全國人民都沉浸在新春的喜悅中時，支付寶就開始隨機發紅包給集齊五福的消費者。但無論紅包的總金額有多少億，也無法滿足數量龐大的網民。

拿到最大紅包六百六十六元的網友自然歡呼雀躍，但大多數人只能拿到一・八八元、二・三八元、三・一八元……能拿到五・八八元已經屬於「鉅款」。但在真的打開紅包之前，總還是會讓消費者抱有拿到六百六十六元超級大紅包的期待。

事件隨機

除了華帝以世界盃的比賽結果做隨機事件行銷外，有許多行業也是如此操作。例如：

今日上證指數收盤價的個位數如果為八，那麼當天全場晚餐消費八折；

如果能拿出序號尾數九十九的百元人民幣，買酒全場八折；

尾數九九九，則是全場七折；

尾號九九九九，則是全場六折

……

企業正是透過類似事件隨機的行銷手段，不僅吸引了人們的注意力，達到品牌曝光的效果，還讓消費者覺得這屬於稀缺事件，應該趕緊趁機消費，以免錯過好機會。

〈05〉

清醒思考

無論是史金納箱式的回饋、迷戀小機率事件、「差點就贏」的感覺還是隨機獎勵帶來的快感……你要明白，這些都是大腦帶給你的認知偏差。只有理解這些原理，才能夠讓我們在發現自己沉溺其中時，適時提醒自己，不被這些認知偏差帶偏，進而擺脫無法自制的狀態。

Chapter 5

挑戰升級，滿足你真實人生破不了的關

01「爽點」技術——網路小說作家爆紅的祕密

為什麼有人居然靠著看網路小說戒掉了毒癮？
什麼是網路小說製造「爽點」的公式？
現實生活和網路小說比起來缺少什麼？

〈01〉

如果你追過網路小說，一定有過這些感覺：和主人公一起冒險的過程，時間過得飛快，原本漫長的上下班通勤路程也好像一下子就結束了。你捨不得放下手機，一邊走路一邊看，只有在過斑馬線時才不得不把視線移回現實。

最可恨的是，你很快就追上了作者的寫作進度，雖然知道作者日寫數千字已屬不易，卻仍然感覺更新太慢，一天只能看三章的節奏實在是一種煎熬。於是，你暗暗發誓，下次一定要等作者完結再開始看……

以上是很多網路小說讀者的真實寫照。是的，網路小說就是有如此大的吸引力，甚至有媒體指出，中國的網路小說是繼美國好萊塢、日本動漫、韓國偶像劇之後的「世界第四大文化現象」。

不僅如此，很多國外粉絲在接觸中國網路小說後也會沉迷其中。有記者採訪過一位靠網路小說成功戒掉毒癮的美國年輕人——該男子曾經一整天不吃不喝，連續讀了二十萬字的小說。這位年輕人在接受採訪的時候說，過去回到家就想吸毒，現在回到家滿腦子都是中國小說。為了有更多的網路小說可以讀，他同時找了三個翻譯網站。半年過去了，他總共追完十五部中國網路小說，並且徹底戒掉毒癮。

〈02〉

為什麼網路小說會有那麼大的魅力，讓人看了放不下，滿腦子都是它呢？核心原因就在於優秀的網路小說作者非常善於為讀者製造「爽點」。羅振宇曾經剖析網路小說的「爽點」公式，該公式共分為三部分，分別是：明確的目標、清晰的臺階以及作弊工具。

首先，明確的目標包含大目標和小目標。

大目標是一個貫穿全書的目標，如唐家三少的小說《斗羅大陸》中，主角唐三的父母曾被最大勢力武魂殿圍剿，母親因此隕命。所以，對唐三來說，他和武魂殿的衝突即可視為埋在讀者心中等待解決的大目標；再如小說《陰間神探》，開篇沒多久，主角的爺爺就被神祕組織殘忍殺害，與這個組織終有一天的碰撞以及如何搗毀這個犯罪組織，就是深埋讀者心中的一個「鉤子」。

那什麼是小目標呢？在實現大目標的過程中，主角必然會遇到一個個小頭目，這些小頭目一般來說等級會比當時的主角高，實力比主角強，甚至可能一開始看不起和嘲笑主角，這種接連不斷的衝突就撐起了巨大的張力。

這種情況下，主角就需要去完成特定任務、搜集指定道具，在歷經重重磨難後以弱勝強，把小頭目打趴在腳下，讓對方求饒服輸。這種小目標的安排確實撩動了讀者的「爽點」，讓讀者能跟隨主角酣暢淋漓地打擊那些比自己強或曾輕視自己的人，實現了現實中往往無法實現的夢想，同時讓人得到極大的滿足感。

清晰的臺階又是什麼意思呢？

這是一種寫作手法，為的是讓讀者在小說開篇之初就能瞭解主角的成長脈絡。依然以《斗羅大陸》為例，一名魂師想要成為大陸上的頂級強者，必然要從魂士做起，魂師、大魂師、魂尊……直到最後的神階。

同樣，在網路作家天蠶土豆撰寫的強檔巨作《鬥破蒼穹》中，也有類似的進階體系：鬥者、鬥師……一直到鬥帝。

透過以上分析，我們可以發現，正是因為有如此清晰的進階體系，才能讓讀者在閱讀的過程中產生逐級提升的「爽感」。這種「爽感」加上閱讀過程中形成的代入感，讓他們感覺自己就是小說的主角，有種身處其中的刺激體驗感。

最後是作弊工具。

為什麼要安排作弊工具呢？因為無腦的「躺贏」是很無趣的，只有歷經艱難困苦，才能讓最終的勝利更有價值，從而製造觸動讀者的「爽點」。所以，這些作弊工具不是為了讓主角成神，而是為了幫助小說中相對較弱的一方，讓他們有別於競爭對手或反派，能加速修煉、以弱勝強，最終實現逆襲。

〈03〉

上面講的目標、臺階、作弊工具這三點，從過程來看可以概括為四個字：曲折進階。實際上，這種透過製造曲折進階，撩動「爽點」的手法也經常在一些電視劇中出現。

比如，前些年紅透半邊天的《甄嬛傳》，編劇使用的正是類似套路。編劇讓觀眾和甄嬛一起經歷一次又一次宮鬥，一場又一場陰謀，讓主角在觀眾的集體期盼中，一步步從最開始的常在，晉升為貴人、菀嬪、菀妃，到熹貴妃，最後成為王朝的實際掌舵人。

而《延禧攻略》設置「爽點」的手法更徹底。劇中的女主角魏瓔珞一路「升級打怪」，遇強則強，化不利為有利，多次用巧妙的智慧（當然這是編劇設計的，這部分可以視為作弊工具）解決掉了玲瓏、高貴妃、爾晴、純妃、嫻妃以及最後的袁春望，從宮女逐漸坐上皇貴妃的寶座。這樣的曲折進階，同樣讓觀眾，尤其是女性觀眾大呼過癮。

事實上，這與我們現實中的職場進階之路何其相似，從實習生、專員，再到主管、經理、總監……進階之路同樣曲折。唯一的不同是我們不像網路小說或電視劇裡的主角，我們缺少一個能讓我們快速實現職場逆襲的作弊工具，使我們覺得人生充滿遺憾。

正因如此，很多人才更嚮往網路小說和電視劇的主角——將對自己的期望投射在角色身上，用某個角色的成功滿足自己內心的欲望。

〈04〉

你收穫的新知

優秀的網路小說家為讀者製造「爽點」的技巧可以總結為三部分：明確的目標、清晰的臺階以及作弊工具。正是在這種曲折進階的過程中，讀者和觀眾把自己在現實生活和工作中的遺憾投射在網路小說與電視劇的主角身上，用他們的成功彌補自己內心的缺憾。

02 消費者體系——是什麼讓你被「綁架」還感恩戴德

為什麼很多商務人士喜歡訂同一家航空公司的機票？
是什麼促使玩家不停研究高手的比賽影片，刻意鍛鍊自己的遊戲水準？
為什麼好市多能逆勢增長，並保持九成付費會員持續續會？

〈01〉

商業資訊顧問劉潤曾提到他在北京出差期間的住宿習慣：如果只出差一天，他喜歡住威斯汀酒店；但倘若出差三天，他會先在喜來登住一晚，隔天換到旁邊的雅樂軒，最後一晚再換回喜來登。

劉潤坦言，這麼折騰倒不是為了省錢，而是因為上述酒店都是喜達屋集團旗下的酒店，如果連續入住三晚，只能算一次入住，照他的換法就能算成三次入住了！作為喜達屋白金卡會員，每年要入住二十五次才可以保留會籍。為了保留會籍，劉潤已經這樣堅持了十幾年。

為什麼劉潤如此樂此不疲呢？這就要歸功於這套令人上癮的消費者成長體系。

〈02〉

所謂消費者成長體系，是企業產品和營運規畫的結合，這個體系能提升消費者黏著度，實現消費者分級，使產品在兼具商業價值的同時，製造讓消費者獲得情感或者利益的機會。

簡單來說，消費者成長體系就是透過提供福利來「套住」你，提高會員忠誠度，進一步提升會員使用度與消費次數（或金額）。

能讓消費者產生行為上癮的成長體系可以分為：點數兌換體系、升降臺階體系和督學價值體系三種。

點數兌換體系

這是一種相對簡單的體系，典型的如一些航空公司，你只要是某個航空公司的會員，就可以累積飛行里程數，積累到一定程度就能免費兌換機票。

這種里程累計的方法對出差較多的商務人士來說尤其具有吸引力，因為他們用公款出差訂機票時對價格並不敏感，所以總是會優先考慮有里程積累的航空公司。這樣一來，以後自己攜家帶眷出去玩時就可以享受免費的機票。

當然，銀行信用卡的點數累積、電商積點等也是這種手法。他們往往用掃地機器人等高額新奇產品吸引你，告訴你這些實體禮品都可以用點數兌換，以鼓勵你多用他們家的信用卡刷卡，多用他們的通路購物。

升降臺階體系

這種體系相對複雜，和上一小節提到的「清晰的臺階」有些類似，他們會給消費者一個從初級消費者成為超級消費者的成長之路。比如，很多遊戲會有進階排位，一個玩家在對戰中贏得比賽就可以晉級，輸掉比賽則將面臨降級的風險。

正是這種明確的進階體系和有獎有罰的輸贏方式，讓玩家渴求提升自己的階級，不惜花費大量時間觀看高手的比賽影片，針對某一遊戲角色進行反覆的刻意練習，甚至花費大量金錢去購買遊戲裝備等，以求出奇制勝。

督學價值體系

這是一種相對有現實意義的消費者成長體系，經常應用在知識付費領域。這種方式能有效督促學員學習，幫助他們真正實現個人成長。比如，由李善友教授開創的「混沌大學」，就是這種精細化的營運，讓學員對學習產生某種程度的上癮。

更有意思的是，李善友教授還把消費者從知識類產品的虛擬介面延展到線下的實體層面：學員只要在「混沌大學」APP上認真學習，就能獲得「研值」，而「研值」是「混沌大學」APP內的虛擬貨幣。透過兌換「研值」，學員可以參加自己感興趣的優質線下活動。

不僅如此，學員還可以經由修習學分獲得一張由諸多知名企業聯合認證的學位證書，證書分為「創新舉人」「創新進士」「創新翰林」三個等級。與一般社交貨幣和電子證書不同的是，這三個等級的學位證書在現實生活中也有實際的效用。

獲得學位證書的人不僅學習到知識，收穫知識的體驗和學習效果，還能憑藉這些學位證書，在面試這些企業時獲得優先面試或錄取的機會——這在國內知識付費領域中是極具開拓性的創舉。

〈03〉

除了以上三種以鼓勵消費者行為模式為主要訴求的消費者成長體系外，還有一種體系讓消費者欲罷不能，就是付費會員體系。

隨著行動上網時代的到來，全球的傳統零售業紛紛面臨營業額下滑的壓力。但作為傳統零售商的好市多（Costco），卻以會員服務體系實現逆勢增長，並以每年四到六%的速度穩步攀升。其中最重要的策略就是付費會員體系。好市多和普通零售超市最大的區別在於，只有持付費會員卡或者在付費會員的陪同下才能進入賣場消費。

好市多的付費會員分為每年六十美元的個人會員和一百二十美元的精英會員兩種。普通會員的權益是能免費獲得一張副卡，副卡也能讓持有者進入賣場；精英會員則是在普通會員的基礎上，每次消費還可以獲得二%的回饋金。當然，回饋金有上限，一般為每年一千美元。

在大量吸收付費會員後，好市多公司實現了以下三大優勢：

優勢一，與上游供應商進行價格談判時有強而有力的議價能力。

優勢二，透過嚴選商品，把SKU（庫存量單位）維持在特定的細分領域，聚焦中產階級消費者需求，精準保證產品品質和供應鏈的反應速度。

優勢三，大量貨品省去分拆零售，從生產廠商直接送至賣場。

這些優勢總結下來只有兩點——效率最大化和價格最低化。

好市多把節省下來的成本其中九成回饋給消費者，這些生活必須品都是付費會員日常使用的商品。整體算下來，付費會員能省很多錢。這個結果也讓好市多每年的續會率高達九成，而且藉由會員間的口碑傳播，好市多付費會員保持每年七到八%的成長率。

在員工工資達到沃爾瑪一．六倍的情況下，好市多的坪效卻是沃爾瑪的二．五倍！形成了一個消費者獲益、員工獲益、股東也獲益的多贏局面。

〈04〉

你收穫的新知

消費者體系是能夠影響消費者行為的一種模式。透過正負激勵手法，有效提升消費者對企業和產品的忠誠度，使消費者多使用、多消費該企業的產品。

能產生行為上癮的消費者成長體系可以分為三類，分別是：點數兌換體系、升降臺階體系和督學價值體系。

點數兌換體系是透過累積點數來兌換商品、拴住消費者的一種方法，常見於航空公司、銀行信用卡的點數累積、電商積點；升降臺階體系則給予消費者完整的階梯，讓消費者透過消費行為來提升或保住自己的等級（可享用的福利）；督學價值體系則以虛擬貨幣激勵學習，並且提供對消費者有現實價值的內容和福利。

以好市多為代表的付費會員體系，核心做法就是募集大量會員，增加企業議價能力，聚焦嚴選產品，直接配送以降低成本、提高效率，讓消費者實現真正節省，從而讓人心甘情願續費，最終實現雙贏。

03 心流體驗——滿足強迫症的極度舒適感

為什麼有些遊戲無論輸贏都會讓人停不下來？
什麼是心流和心流模型？
遊戲設計師是怎麼設計遊戲讓你持續保持心流？

〈01〉

二〇一九年一月廿五日，支付寶又開始了一年一度的「集五福」活動。一時間，所有人拿起手機，在有「福」字的地方瘋狂掃描。但是，這次活動的玩法和往年不同，今年，消費者除了靠運氣掃五福外，還有一個可以憑藉知識額外賺取一張福卡的機會——「答答星球」。

「答答星球」是一個類似「知識王」的遊戲，採用我們前面講到的「爽點」公式前二招：明確的目標和清晰的臺階。

消費者可以透過贏得比賽，步步晉升自身的知識等級，從答答新秀、青銅哨兵一直到答答傳奇。更有趣的是，參加遊戲的人會隨機配到一位與自己等級相近的玩家。

身邊很多朋友都覺得開始時很容易，但越到後面就越困難，因為後期越來越容易配到實力相當的對手。此時，雖然很容易陷入等級忽升忽退的境地，但你會發現自己已經深陷其中，根本停不下來。時間因此飛快流逝，你也在和對手的知識PK中大呼過癮。如果你也有這種感覺，那麼恭喜你，你已經成功進入了心流狀態。

〈02〉

什麼是心流狀態？「心流」（Mental Flow）這個詞出自美國心理學家米哈里．契克森米哈伊的暢銷書《心流》，在中文語境中，也有人把「心流」意譯成「神馳」。

無論在字面上如何翻譯，心流都是指我們從事某件事情時的狀態——精神上全神貫注，體驗上物我兩忘。在這種狀態中，人們不僅會感覺時間一下子就過去了，而且在完成這件事情後，絕大多數人會感覺神清氣爽，渾身充滿正能量。

在日常生活和工作中，很多人曾經不止一次進入心流的體驗，如吉他愛好者在演奏自己喜愛的樂曲時，當他們沉浸其中，會覺得時間彷彿如流水而過，在酣暢淋漓中體驗注意力完全集中的絕妙感覺。

為了理解心流產生的條件，米哈里教授根據專案的挑戰水準和技巧水準，把人們的體驗分成了下面八個區間：

由於處於中間水準的擔憂（Worry）、喚起（Arousal）、掌控（Control）和無聊（Boredom）僅僅是程度的不同。因此，下面，我會著重從這張示意圖的四個角落來說說這之間的差異。

挑戰水準高但技巧水準低：這種情況會讓我們形成焦慮（Anxiety）。比如，如果你從沒玩過格鬥類遊戲，如果剛一上手就和高手對決的話，就會讓你有一種自討苦吃的焦慮感。

挑戰水準低且技巧水準也很低：這種情況會讓我們無感（Apathy）。這是一個多數人在多數時間都在做的事情，如倒一杯水、坐下、站起來，這些動作沒什麼挑戰性，也不需要什麼技巧，它們只是自然而然發生的動作。

挑戰水準低而技巧水準高：這種情況會讓人感覺很放鬆（Relaxation）。例如，一個演奏家演奏一曲簡簡單單的《生日快樂歌》，雖然他可能會加入不少烘托氣氛的和絃或進行某種程度的變奏，但對演奏家來說，這些無疑是小菜一碟。

挑戰水準高同時技術水準也高：這種情況就能讓人進入心流（Flow）狀態。比如，WCG（World Cyber Games，世界電子競技大賽）的選手在進行巔峰對決時，他們往往在技巧水準上相差無幾，但正是因為這種平分秋色，更能讓互搏的雙方在競技過程中進入物我兩忘的心流狀態。

當然，無論是技巧水準還是挑戰水準，都會隨著一個人能力的發展逐漸產生變化。

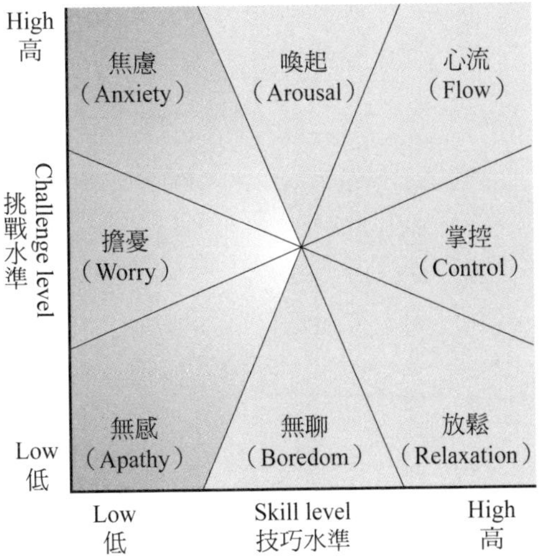

比如，騎車這項技能，對一個尚未掌握要領的小孩子來說可能極具挑戰，但你可以回想一下，你在學騎車的時候是不是也曾無數次地從自行車上摔下來過？你會不會覺得很焦慮？

但隨著反覆的刻意練習，你會從一次次失敗中總結出其中的規律，掌握身體怎麼樣才能保持平衡。當你開始能穩定地騎行一段距離時，一種打心底升起的成就感會讓你在那一瞬間達到高點。此時，你已經進入了心流狀態。

然而，隨著年齡的增長和技巧的嫻熟，騎車已變成一種本能——沒有挑戰，也不需要過多技巧，所以騎車就變成無感的日常活動。

〈03〉

理解心流模型後，我們以風靡全球的網路遊戲「魔獸世界」為例，來看一下遊戲設計師是如何安排讓你持續保持心流狀態，進而讓你持續上癮。

起初，你的遊戲角色從新手村誕生，沒有裝備和技能的你只能接最簡單的任務，這個過程非常短暫。隨著等級快速提升，你的技能也趨於熟練，系統就會讓你走出新手村。

走出新手村意味著你要走出舒適區，去探索未知的地圖。於是，你抱著好奇，根據任務資訊裡的線索，來到了怪物等級更高的陌生區域。在這裡，你會接到一個無法獨自完成的「精英任務」。

精英任務逼著你去和其他玩家打交道，組成小隊去打怪。費了九牛二虎之力，好不容易幹掉血厚如牛的精英怪，你們也都獲得第一件稀有武器。

有了稀有武器之後，你殺敵的傷害值更高，這讓你很滿足。但是，只有一件稀有武器，其他都是破爛，那怎麼行？於是，為了更新裝備，你就會開始下副本來解決自己的問題。隨後，你會開始到處喊人組隊去打怪。

換裝備、升級、換地圖、解任務、下副本、推BOSS，再換裝備……這是一個循環往復的過程，而每次都有等級只比你高兩級的怪物、任務和副本在前方向你招手，慫恿你在這些挑戰中憑藉高超的操作技巧拿下它們。

你可能會說，「魔獸世界」儼然已經成了一個故事會、時裝秀。是的。不僅如此，等到你滿級之後，遊戲設計師還安排了PVP（Person Versus Person，人與人對戰）戰場、競技場，讓等級和水準與你差不多的人來和你PK，勝利的一方可以獲得榮譽值，而榮譽值可以用來換取裝備。

每一次挑戰都需要你盡可能發揮技巧，正是這種高挑戰水準加高技巧水準的設計，才能讓你迅速進入心流狀態。

〈04〉

你收穫的新知

心流，是指我們在從事某件事情的時候，精神上全神貫注、體驗上物我兩忘的狀態。

同時，我們還理解了以下幾種心流模型：

挑戰高、技巧低：**焦慮**；

挑戰低、技巧低：**無感**；

挑戰低、技巧高：**放鬆**；

挑戰高、技巧高：**心流**。

遊戲設計師正是不停把玩家安排進挑戰高、技巧高的環境中，讓玩家不停進入最舒爽的心流狀態，才得以讓這款遊戲風靡全球。

04 稟賦效應——諾貝爾獎得主告訴你人們如何上癮

為什麼明明是同一個杯子，不同人估出的價值會相差甚遠？

為什麼說「一入樂高深似海，從此錢包是路人」？

為什麼熱門軟體Zepeto能夠讓人心甘情願解任務、付費，並且還幫著免費傳播？

〈01〉

通常，當我很累的時候，我都會打開一款遊戲，透過做做日常任務鬆弛一下神經。但有一天，我突然發現，之前存了幾個禮拜的金幣和鑽石都被花光了，而一個不知道從哪裡冒出來的「狗糧五星英雄」（表示技能比較差，通常用來餵養頂級英雄）居然被升到滿級！

旁邊做作業的兒子的眼神時不時飄過來，我明白了，始作俑者原來是他。我問他為什麼要用我的資源來升級這隻「狗糧五星英雄」，兒子顯得很委屈：這隻五星英雄是我今天自己抽獎抽來的呀！

抽獎抽來的，你怎麼不說儲值送的呢？但為什麼自己抽獎得來的東西會對一個小孩子如此有吸引力？明明還有很多比這個更好的選擇。

〈02〉

為了搞清楚這個問題，我們先來看一個實驗。理查・塞勒和康納曼教授等人在一九九〇年設計了一個很有意思的行為心理學實驗，他們把受試學生分為三組。

第一組：發給他們一個杯子，讓他們仔細觀察後替杯子估算一個出售價格。

第二組：不發給他們杯子，但借給他們仔細觀察，然後詢問他們願意花多少錢買下它。

第三組：可以選擇得到一個杯子或者得到一筆他們認為大致等值的錢，兩者選其一。

很多人會以為，這三組學生的出價應該差不了多少，但統計後的結果卻讓人跌破眼鏡。

第一組：平均售價為七・一二美元。

第二組：平均願出價二・八七美元。

第三組：選擇得到平均三・一二美元。

明明是同一個杯子，售價居然比出價高出兩倍不止！

沒錯，這就是二〇一七年諾貝爾經濟學獎得主、美國芝加哥大學教授理查・塞勒提出的一種人類行為認知偏差現象：稟賦效應（Endowment Effect）。

所謂稟賦效應，就是當你擁有一樣東西時，會高估它的價值。而且當你有所投入時，對它的評估價值會更高。比如，別人的孩子畫的一幅畫你會覺得很普通，自己的孩子畫了實際上差不多水準的一幅畫，你就會感覺自己的孩子很有繪畫天賦。

是的，這就是「稟賦效應」。難怪我兒子會格外珍惜自己抽到的「狗糧五星英雄」。

〈03〉

事實上，在塞勒教授被授予諾貝爾獎前，宜家家居早就洞悉消費者的這種心理。這家成立於一九四三年，來自瑞典的傢俱和家居零售商提供的產品都不是完整的壁櫥、書架或者櫃子，而是像搭積木一樣給你一些主部件、接合部件和螺絲螺帽，需要你根據宜家提供的說明書，自己動手拼裝傢俱。

我們在宜家家居時常看到這樣的案例。比如，有的顧客買了一個咖啡桌回家自己拼裝，沒用多久桌子就開始晃動不穩。如果顧客買的是其他品牌傢俱的咖啡桌，相信他一定會向店家投訴，要求退換。但這個「作品」是他「親手製作」的，所以這位顧客會盡可能設法做些補救措施，然後持續投入時間和精力延續它的使用壽命。

雖然本質上都是稟賦效應，但宜家家居為了提升企業的品牌知名度，更願意把這種現象稱為「宜家效應」，而著名的玩具巨頭樂高也很願意把它稱為「樂高效應」。

樂高這種玩具，說到底只是一個形象相對美觀的擺飾品，沒有太多的實際使用價值，但價格卻很貴，一盒就要幾百甚至上千人民幣。所以，很多人心裡都會有一個疑問：這些塑膠積木的成本沒多少錢，但為什麼再貴我都買單，我的錢是否都拿去繳「智商稅」了？

其實，樂高玩具之所以售價不菲卻仍受世界各地消費者的歡迎，每年賣出兩百一十億塊積木（這個數字相當於繞地球將近五圈），正是因為樂高設計師深諳「稟賦效應」。

樂高的每款產品都經過好幾年的研究和開發，每次都能讓消費者根據說明書一步一步完成階段性目標，而每次目標的達成又為下一次更大的目標打下了基礎——消費者不僅在這個過程中能輕鬆進入「心流狀態」，更能夠在每一次階段性目標達成的情況下在心理上獲得極大滿足。

試想，一個小學生透過自己的努力，親手拼裝出具有一定科技感的作品，這是一件多麼有成就感的事情！

〈04〉

除了宜家傢俱、樂高玩具等需要消費者自行拼裝的實體產品能充分引發人們的「稟賦效應」外，一些遊戲也有同樣的效果。

二〇一八年年底，一款虛擬角色遊戲——Zepeto紅遍全球，在蘋果APP Store裡名列前茅。自二〇一八年十一月下旬開始，這款APP連續八天佔據中國區免費榜榜首，並在後來很長一段時間坐穩了社交榜第三的交椅。

這款應用程式之所以能引起廣泛關注和歡迎，吸引消費者投入大量時間打扮自己做的虛擬角色，不僅是因為使用門檻低，還富有創意的個性化設計。比如，消費者可以透過任務或付費加值獲得金幣，金幣可以購買衣服、褲子、地毯、壁紙、擺設等各種有意思的物件，裝飾虛擬角色與室內空間。

正是這種DIY（自己動手做）的個性創造，讓每個消費者都能增加一個可以在社群上炫耀的內容。透過自己動手還增加了參與感，這些都深深抓住了每個消費者的個性化訴求。

在後續不斷的升級中，遊戲設計師持續引入新元素，誘使人們為了金幣而執行任務，每天在APP中樂而忘返。當然，也有些人會直接付費加值買金幣來升級自己的外觀和空間。

實際上，當你在社群上分享和炫耀自己的虛擬角色與空間時，也就順便幫Zepeto做了一次口碑行銷，吸引你社群裡感興趣的好友找到並下載這款應用程式。

〈05〉

你收穫的新知

稟賦效應，是一種當你擁有一樣東西後，就會讓你高估其價值的頭腦認知偏差。

諸如宜家家居、樂高、Zepeto，都是透過提高消費者在產品使用過程的參與程度，讓消費者階段性達成目標，不停啟動消費者頭腦中的「稟賦效應」，讓消費者喜歡甚至癡迷這些產品。

有些產品還會促使消費者不斷解任務或者付費，然後再經由社群分享為產品帶來新的流量。

05 總結——這些心理術讓你迷失在「打怪升級」的路上

本章的前半部分，主要講述人們既喜歡看別人是怎麼不斷升級，又喜歡親自體驗整個「打怪」升級的過程。後半部則分析了人們在參與晉級過程中的體驗狀態，和人類固有的認知心理特點。

以下就讓我們來回顧及強化學習到的知識。

〈01〉

好看的網路小說和過癮的連續劇

讓我們複習一下「爽點」公式：明確的目標、清晰的臺階以及作弊工具。

明確的目標：能製造讀者和觀眾的共同期待，其中大目標和小目標的結合既能誘發你的情緒，產生代入感，又能透過一個個小目標的實現，滿足人們任務完成時所帶來的快感。

如果你仔細觀察就會發現，無論是《西遊記》還是《星辰變》，又或者是《名偵探柯南》以及《紙牌屋》，它們的劇情發展遵循的其實都是同一個道理。

清晰的臺階：堪稱成長路上的各種里程碑。現實生活中，你可能幾年升職都升不了一級，但在網路小說、連續劇裡，沒隔多久，主角就會因為機緣巧合功力大漲，一路升級打怪，讓我們這些讀者或觀眾在看的時候也能獲得在現實生活中無法實現的心理滿足。

作弊工具：除了主角出生時伴隨的重生、變異，又或者遇到奇遇後的神賜寶物，其實，無論是網路小說還是連續劇，最大的作弊工具就是「主角光環」。

「主角光環」總能帶給主角好運，讓角色在面臨險境時或觸發保命技能，或靈智乍現，又或者得到他人相助，在最關鍵的時候克服無法跨越的障礙，完成不可能的任務。沒錯，主角們總能在遇到麻煩時用特殊辦法化解，讓觀眾得到一波又一波的腦內高潮。

〈02〉

消費者體系

消費者體系的核心作用是提高消費者黏著度、實現消費者分級，在產品商業化的同時，實現消費者情感和利益雙收。這種體系的設計能讓你對品牌更忠誠，更願意使用和消費。

消費者成長體系可以分為：點數兌換體系、升降臺階體系和督學價值體系。此外，還有給予消費者實際好處，讓死忠會員緊緊追隨的付費會員體系。

點數兌換體系：這是一種相對簡單的成長體系，可以透過消費獲得點數，以點數兌換福利或禮物。點數兌換體系一般對可以報銷的商務消費者來說更具吸引力，因為他們對價格不敏感，所以會選擇在可以兌換積分的商家消費，並享受福利。

升降臺階體系：誰說消費者成長體系只能升不能降？在升降臺階體系中，消費者會隨著自己在體系裡的輸贏，決定自己的進階和降級。進階能獲得更高的榮譽和獎勵，降級讓水準下滑，獎勵自然大打折扣。

升降臺階體系會迫使消費者投入更多的時間、精力甚至金錢，不斷的學習和刻意練習來提升自己的技能水準，期望能提升戰鬥力。

督學價值體系：隨著教育線上化以提升效率的觀念的普及，人們已經不滿足於「知識過腦」，開始追求「知識留存」。在線上知識付費的時代，督學價值體系透過發放勳章等榮譽激勵消費者成長，更以精細化營運讓消費者「修學分」、拿證書，甚至讓證書在現實生活中也有實際效用。

付費會員體系：付費會員體系的核心是募集大量會員，透過增加企業議價能力、聚焦嚴選產品和直接配送這三大優勢，來降低成本，提高效率，讓消費者花更少的錢買到更多、更實惠的商品，會員會更死心塌地續會，最終實現雙贏。

〈03〉

心流體驗

瞭解「爽點」公式和消費者體系後，就要開始進入人的內心，去發現產品經理如何設計才能讓消費者達到心流狀態。所謂心流，是指我們在做某件事情的時候，精神上全神貫注、體驗上物我兩忘的狀態。

美國心理學家米哈里・契克森米哈伊發現，挑戰水準和技巧水準形成的矩陣能區分人們不同的體驗。

挑戰水準高，技巧水準低：焦慮；

挑戰水準低，技巧水準低：無感；

挑戰水準低，技巧水準高：放鬆；

挑戰水準高，技術水準高：就能讓人進入心流狀態。

為了讓你進入物我兩忘的心流狀態，產品經理和技術人員日以繼夜地設計出「換裝備、升級、換地圖、解任務、下副本、推BOSS、換裝備」這樣的遊戲循環，並以大數據讓你和技術水準相當的玩家配對，讓你們PK並不斷挑戰目標。

遊戲玩家在遊戲中愉快玩耍的同時，企業也獲得了消費者數量的成長或消費，當然，還有更多資方的青睞。

〈04〉

稟賦效應

以前我們一直無法理解，為什麼感覺自己的文章寫得還不錯，老師打的分數卻不高；自己的長相雖然不算特別美，但還算得上中等偏上。直到今天，我們終於理解了，原來是因為稟賦效應。

稟賦效應，就是當你擁有一樣東西後，會高估它的價值。

正是由於這個人類固有的認知偏差，宜家家居選擇讓消費者自己組裝桌子，有效降低他們對品質的要求；樂高令你花費大把時間拼裝玩具，完成後成為房間裡價值千元的擺設，你卻還想著過些時間再買一套；Zepeto 讓消費者紛紛開始設計自己的虛擬角色，還讓消費者花真金白銀裝點虛擬空間。

不僅如此，稟賦效應還讓那些「七天無理由退貨」「一元錢試用」的商品賣得更容易，讓顧客捨不得退貨……

〈05〉

清醒思考

行為上癮原理之四：挑戰升級。升級的路上充滿了困難和不確定性，產品設計透過明確的目標，一步一個腳印的臺階和作弊工具代入網路小說和連續劇中，操縱你的感官、滿足你的大腦，讓你停不下來。

消費者體系是個好東西，除了升降臺階體系可能會浪費你的時間外，其他諸如點數兌換體系、督學價值體系和付費會員體系，都是能實現企業和消費者雙贏的方式。

心流體驗相當難得，但我們要記住，千萬別「被心流」。別在遊戲上浪費太多時間，而是要在對自己真正有幫助的事情上投入時間和精力，在其中進入心流。

最後，要知道稟賦效應是一種典型的認知偏差。我們要在進行價值判斷的時候，學會跳出自身框架，擺脫稟賦效應的束縛。

Chapter 6

未完待續，誘拐我們繼續看下去

01 未竟之事——懸念是一劑勾魂藥

為什麼《全面啟動》的結局會受到長期和如此廣泛的關注？
為什麼很多人會時不時搜尋年少時暗戀的對象，觀察對方最近的動態？
為什麼行銷策略能夠讓閱讀類APP持續產生可觀、穩定的收入？

〈01〉

如果你看過《全面啟動》，一定記得這部高分電影的結尾——開放性的結局留給觀眾一個未竟的懸念，讓觀眾不斷猜測男主角最後到底是回到了現實世界還是留在夢境之中。

電影上映沒多久，結局就成了人們茶餘飯後的話題。很多網友對此抱持不同觀點，各執一詞，誰都說服不了誰。

這部引起了廣泛關注的《全面啟動》，是英國著名導演克里斯多福・諾蘭的作品，除了《全面啟動》外，《記憶拼圖》《頂尖對決》《星際效應》《黑暗騎士》等耳熟能詳的影片，都是出自諾蘭之手。儘管他此前執導的影片都是高分大作，卻只有這部《全面啟動》在結束上映後的很長一段時間內仍受到熱烈討論。歸根究底，是這部電影的結局讓觀眾百思不得其解。

在故事設定中，畫面最後的陀螺如果旋轉不止，表示主角仍舊處於夢境之中；倘若陀螺停下來，則預示主角已經回到現實空間。

可恨的是，不管任何人追問，導演諾蘭就是三緘其口，不肯透露一點點劇情最後這樣安排的用意，這讓許多粉絲寢食難安，甚至還有人藉由反覆瀏覽片尾，從物理學的角度去分析最後陀螺的「偏離角」和「聲音」，並將得到的線索與之前夢境中陀螺旋轉的場景做對比，試圖推測出「科學的」結論。

〈02〉

一部電影的結局真的如此重要嗎？如果你無法理解這個現象，可以試著在白紙上畫一個沒有閉合的圓，然後觀察一下自己頭腦中的感覺，看是否有一種急著想用筆去「閉合」的衝動。

沒錯，你會非常想把這個圓畫圓滿——這不是因為你得了強迫症，而是這是一種非常正常和自然的心理現象。

最早對這一現象進行科學與系統分析的研究者，是廿世紀二〇年代立陶宛的心理學家蔡格尼。她當時策劃了一個心理學實驗，實驗內容是讓受試者按照隨機順序去做二十二件簡單的工作。比如，寫一首詩歌、把數字從五十五倒數到十七、根據規定的順序把珠子穿起來等等。

按照蔡格尼的設計，實驗人員會讓其中一組把這些簡單的工作全部做完，讓另一組在每件工作做到一半時就突然勒令停止，要求他們去做下一件工作。受試對象完成工作後，在事先完全不知曉的情況下，實驗人員邀請他們立刻回憶之前做的是些什麼工作。結果，「未完成組」平均回憶準確率為六成八，而「已完成組」則只有四成三。

蔡格尼把這種對未完成待續比已完成更讓人記憶深刻的現象命名為「蔡格尼效應」（**Zeigarnik Effect**）。簡單來講，就是未竟之事更讓人印象深刻，令人回味無窮。

〈03〉

理解了蔡格尼效應，我們就不難理解為什麼諾蘭打死都不肯談論電影最後的結局了。因為大多數導演內心深處都期望自己的作品能被更多人記住，如果能被奉為經典就更好不過了。這個未完成的結局既有可能是故意設計，也有可能是意料之外，總之，它恰恰撩動了每個觀眾的心弦，默默實現了諾蘭導演不可言說的願望。

實際上，類似的情況在我們的生活中也十分常見。比如，很多人都對自己少年時期的暗戀對象念念不忘，時不時都會回憶起當年和他接觸的一些場景。

在網路互動發達的今天，如果你們至今仍舊單身，雖然你可能從來沒有和對方說過一句話，卻很可能多次搜尋對方的名字，試圖找尋對方最近的動態和照片，好像這麼做就能得到某種滿足。

有些人則是另一種情況。有的人由於早年家庭經濟條件不寬裕，青少年時期看到同伴們吃速食麵、喝碳酸飲料這些當時價格比較昂貴的「奢侈品」，自己只能眼巴巴看著別人享用。因此長大之後，有過類似經歷的人就會對這些垃圾食物存有莫名的好感，每次進入超市大賣場，就算不買可能也要逛一圈，看看包裝和品類，在視覺上飽飽眼福。

〈04〉

在實際應用中，很多閱讀類APP的經營者早已深諳蔡格尼效應，他們為消費者設計的「付費漏斗模型」就是將此效應用到了極致。

起初，APP會把廣受好評的網路小說前五十至一百集在應用程式首頁免費公開。當消費者對小說標題產生興趣，點擊進去閱讀後，很少能擺脫這些連載小說的吸引。但是從第五十一集或者第一〇一集開始，APP就開始收取〇．一五元一集的「解鎖閱讀」費用。

你可能會說，網路上那麼多免費的東西，為什麼我偏偏要去付費閱讀網路小說呢？

一方面，在很多正版APP中，只要作者一發表文章，APP端就能第一時間更新篇章，讓付費消費者搶先讀到內容。更重要的是，對很多網路小說的愛好者來說，閱讀體驗被打斷的痛苦遠大於支付〇．一五元的感受。所以，一旦你打開了這扇門，蔡格尼效應就能誘惑你成為願意付費的消費者。

另一方面，從APP業者的角度來講，別看每集〇．一五元的收費似乎並不高，但很多網路小說少說都是三千集、四千集，有的甚至可以連載十幾年。諸如《絕對零度》之類的網路小說，總字數高達二十億一千九百三十五萬字，按兩千字一小節來計算，已經達到了一萬集以上！

很多類似的網路小說能讓一個讀者從國中開始閱讀，直到工作都還在每天支付三集小說章節的〇．四五元，這筆每個月十三．五元的收入被稱為ＡＲＰＵ值（Average Revenue Per User，每用戶平均收入），大量的付費消費者，能在數年內為企業持續帶來穩定的收入。

〈05〉

你收穫的新知

電影《全面啟動》在結尾處的戛然而止，讓你從此理解了蔡格尼效應，也就是人們對未完比已完成的事情印象更深刻，未竟之事更讓人回味無窮。

因蔡格尼效應形成的早年認知偏差常常伴隨我們的一生，從學生時期暗戀的人，到成年後還會回味垃圾食物等現象，都十分常見。

對於以盈利為目的的業者來說，蔡格尼效應是用來轉化消費者付費的法寶，運用前五十到一百集免費，從第五十一集或第一〇一集開始低價收費的策略，讓已入局的消費者欲罷不能，從而帶給企業穩定的收入。

02 認知缺口——為何換種剪輯方式就能讓人通宵追劇

為什麼《延禧攻略》讓人看了還想看，停不下來？
電影預告片是怎麼讓你為票房做出貢獻的？
什麼是認知缺口？

〈01〉

《延禧攻略》你一定不陌生。這部劇被稱為繼《還珠格格》、《步步驚心》、《甄嬛傳》之後又一部現象級「清宮劇」。該劇一共七十集，對很多忙碌的職場人士來說，看完整部劇還是很有壓力的。但就算劇集再長，因為熱播期間周圍很多人都在討論，所以，一些人終於在抵抗了一段時間後也加入了「追劇大軍」。

不得不說，無論你是男是女，都會被「魏瓔珞」這個角色帶入劇中。她在劇中有很多衝突場景的戲份，非常有張力，讓人情緒亢奮、大呼過癮。不過，最「可恨」的是，該劇的剪輯師一定深諳心理學，不然幹嘛每集結尾都會在情節最緊張的時候畫面一黑，然後播放片尾曲。這讓你不得不趕緊拿起遙控器或者滑鼠快轉到下一集，安撫被挑起的情緒。

但到了下一集又是這個手法，先解決上一集留下的衝突，接著進入故事描述和情節鋪展階段，最後幾分鐘又在結尾處安排下一個懸念，周而復始，形成圈套。每次都讓你在按快轉鍵時自責，暗下決心只能再看一集，否則今天這一整天都廢了，而每到結尾處卻又歷史重演……

〈02〉

類似手法也經常用在新片上映前的預告片。一部電影想要賣座，絕對不能忽視預告片。預告片的核心目的只有一個，就是把你吸引進電影院，為這部電影的票房做出貢獻。

通常，一部高轉換率（看了預告片後買票進電影院的機率）的預告片會包含以下四個元素：故事主線，激情音樂，人物對白，吸睛畫面。

故事主線：通常故事主線會告訴觀眾這是一部怎樣的影片。例如《哈利波特》系列中，每一部都會和一件物品、一個人物或者一個組織有關。預告片展現出故事一部分精彩情節，通常能有效勾起人們想了解更多內容的欲望。

激情音樂：預告片的配樂通常是節奏感較強的音樂，因為節奏感較強的音樂能透過一定的律動，推動你將一部時長三分鐘內的預告片看完，只有看完才能誘使觀眾更了解製作人想表達的內容。

人物對白：人物是一部影片的核心要素，無論是影視明星，還是卡通人物，人物對白能交代一部分情節，引發觀眾的好奇，有些金句還能激發人們的情緒，讓人生出感傷、共鳴、喜悅、興奮、期待等情緒，又或者給人啟發，讓人意猶未盡。

吸睛畫面：吸睛畫面通常是最精彩的部分，如《你的名字》所展現出的唯美畫面，又如《變形金剛》中汽車人之間的激烈對戰，還有《魔戒》三部曲裡史詩般的宏大場面。這些吸睛畫面無疑打開了觀眾的一個認知缺口，讓人迫切想要透過完整的觀影體驗來滿足自己的好奇和想像。

〈03〉

理解了製造認知缺口，我們就會在後續採取行動來填補缺口。細心的讀者一定會發現，本書每一小節的開始都會有三個問題，這三個問題實際上也是為了幫你打開對後面內容的認知缺口——只有閱讀完這一小節的內容，這三個問題的答案才會浮出水面。

此外，每小節的結尾還設計了一個引導你去閱讀下一小節的開關，透過簡單的預告，讓你知道下一小節我們會說些什麼。如果你對預告內容感興趣，就會引導你翻開下一頁。然後，映入你眼簾的又是三個與這一小節有關的三個問題。

透過這種周而復始的小圈套，能形成一種閱讀的快感和不停了解真相的啟發性，讓你在相對輕鬆的情況下讀完本書。

早在二〇〇八年，百度前副總裁、鳳凰衛視前主持人梁冬與《21世紀商業評論》主編、發行人吳伯凡共同製作的有聲節目《冬吳相對論》，就透過製造「認知缺口」的方式，演繹了一檔能令人產生「顱內高潮」的知識脫口秀。

每期節目中，一個知性的女聲會在每個段落用「特殊疑問句」引出這一期兩位大咖互相討論的內容。比如，在第九十期《量子學中的智慧》中，片花是這麼引入的：

為什麼勝過自己的人才能成為領導者？

被割掉鹿角的鹿群為什麼會逐漸退化？

為什麼領導不是任命的，而是贏得的？歡迎收聽《冬吳相對論》——量子學中的智慧。

對於上述三個問題，一般人很難透過自行思考來產生清晰的答案，這就會引導消費者繼續聽下去，聽聽這兩位大咖是如何理解上面這三個問題的，能帶給自己怎樣的思考和解答。

正因如此，《冬吳相對論》的口號「坐著打通經濟生活任督二脈」不僅深入百萬高知識粉絲的心，其後續節目《冬吳同學會》更是獲得了點閱數二．五億人次的驚人成績。

〈04〉

你可能會說，替文章下標是不是也一樣適用？

如果你已經這樣思考了，那麼恭喜你，你是一個具有「舉一反三」能力的人。

在社群網路生態中，一篇文章內容的品質決定了轉發率，但其實文章的題目更重要，它決定了文章的點擊率。如果別人連點開這篇文章的意願都沒有，內容寫得再好也無濟於事。

當然，這裡說的下標手法不是什麼「不轉不是中國人」這種帶著道德綁架的方法，而是打開認知缺口，引發讀者的好奇，繼而引導讀者點擊閱讀的標題撰寫法。

在網路上，這樣的手法通常有以下三種：

數字乾貨[1]體：透過直觀和明確的數字，給讀者一個確定能得到某種技能的期望。比如，三種方法讓你學會如何在飯桌上擋酒；四種應對面試官刁鑽問題的實用方法；五種擺脫拖延症的乾貨技巧……

借勢名人體：用人們熟知的人物或公司吸睛，串連自己的內容。比如，比馬雲演講還勵志的職場心法；有望超越谷歌的公司誕生；女作者神似楊冪，發佈新書引爆全場……

若隱若現體：說一半藏一半，是非常典型的認知缺口使用方法。比如，這樣和老公說話，讓他百依百順；二十年前的舊照片，最後一張看完淚崩；為什麼一包餅乾在書包裡藏一年……

當然，標題的寫法還有很多，行銷業還有作者專門就寫標題出書。但萬變不離其宗，要想讓人們閱讀文章的具體內容，打開人們認知缺口的標題總能發揮吸引人氣的作用。

---

1 乾貨為中國網路用語，指言之有物、廢話少的好內容。

〈05〉

你收穫的新知

《延禧攻略》每一集都運用了蔡格尼效應，以製造觀眾的認知缺口，讓人欲罷不能。電影行業的預告片、本書的寫作方法、知名的脫口秀節目、吸引人的文章標題也如出一轍，都使用了能夠打開受眾認知缺口的方法，吸引你的關注，繼而了解更多。

03 不可預知——興奮感讓你充滿期待

為什麼郊遊前一晚讓人更快樂？
可預知和不可預知的獎勵，哪個讓人更快樂？
為什麼有些人喜歡坐雲霄飛車、看恐怖片？

〈01〉

如果讓你回憶年少時期，以下哪種情景更讓你快樂？

A：郊遊前的晚上。
B：郊遊中在公園裡。
C：郊遊後到家時。

相信很多人都會選擇A。沒錯，每次郊遊前，你很可能會充滿期待，會向父母要一些零用錢，然後到超市挑些第二天一早在路上吃的零食，然後想像和同學們一同出遊的場景，甚至這天晚上會興奮得連覺也睡不著。

同樣的，當你在某購物平臺下單後，結完帳當貨品還在路上時，你的內心會藏著一份盼望，希望能快點收到。你甚至還會時不時打開手機，看看你的訂單現在處理得怎麼樣了，有沒有出貨，現在到哪裡了。

這就是期待帶來的快樂。

所謂期待，就是我們對未知的某個事物產生的一種嚮往和憧憬。這種嚮往和憧憬能使人產生愉悅感，讓大腦得到獎勵。獎勵的出現正是源於對未來的未知，即使未知有可能帶來意想不到的結果。

〈02〉

你可能會說，無論是旅行、購物還是戀愛，不是應該在真正「得到」時更快樂嗎？這不科學啊。

二〇〇一年，美國艾默里大學神經學家格雷戈里．柏恩斯做過一項實驗。他將受試者分成兩組，讓他們躺在核磁共振儀上，然後將一根管子送入他們口中，管子另一頭連著白開水或果汁。實驗人員則透過核磁共振的顯示營幕來觀察他們腦部的活動，如果吸到果汁，人會感到快樂。此時，大腦就會被掃描出愉悅的圖像。

第一組，可預知組：每隔十秒交替讓他們吸到白開水或者果汁。

第二組，不可預知組：讓受試者隨機吸到白開水或者果汁。

這個實驗的高明之處在於，倘若「得到」是大腦快樂的唯一要素，只要受試者吸到果汁，那麼大腦愉悅部分就必然會被啟動。但實驗結果顯然與假設不符，因為在可預知組中，當受試者第一次吸到果汁時，愉悅部分的確被啟動了，但這種可以被預知的快樂卻隨之遞減，到後來愉悅反應變得越來越弱，形成了典型的遞減狀態。

反之，不可預知組的反應就和被打開「認知缺口」的反應差不多，不僅每次果汁突然入口會引起大腦愉悅區的反應，在等待未知的過程中，受試者甚至在長時間的等待中表現得更為快樂。

〈03〉

當然，如果把實驗中的果汁換成苦膽水，相信很少有人會在期待中感到愉悅。因此，這種未知一般是建立在相對良好的預期上。所以，柏恩斯教授的實驗解釋了為什麼如果你對自己的預期還不錯，那麼在等待成績發佈或年終獎金前，你會興奮好幾天。

然而，還真有人斗膽嘗試把「果汁」換成「苦膽水」，把一個曾經讓人欲罷不能的劇集弄得險些淪陷。

這個反面案例就是《陰屍路》。這部劇第一季剛推出時可謂驚豔全球，不僅收視率讓劇組滿意，更是讓其他電視臺也紛紛效仿，跟進此題材。

然而，當《陰屍路》播到第七季時，卻給觀看該季首映的一千七百萬粉絲當頭一棒。本來觀眾還期待主角團隊能逆襲一把，奮起反抗。沒想到陪伴粉絲長達七年之久的亞洲小哥葛倫毫無徵兆地慘遭暴虐。這種對粉絲精神上的「虐待」，讓不少人直接棄劇。甚至有傳聞，編劇和部分演員都曾收到憤怒粉絲的網路騷擾甚至是死亡威脅。

一波未平一波又起，第八季結束時，編劇又「逆勢操作」，終結了主角兒子卡爾的戲份，此舉更是激起公憤，收視率急速下跌——從該劇顛峰時接近兩千萬的收視量，腰斬到最後僅剩五百萬粉絲苦苦支撐。

〈04〉

不過，很少人喜歡並不是沒人喜歡。遊樂場裡的雲霄飛車、鬼屋、高空彈跳在很多人眼裡是「花錢買罪受」的遊戲。它們之所以仍舊存在，正體現了其不錯的市場價值，它們是為這些少數人追求刺激、尋求極限體驗而設計的產品。

研究表示，這部分人之所以喜歡在相對安全的情況下接受刺激，是因為雲霄飛車、高空彈跳等設施可以讓人進入「高水準喚醒」狀態。在這種狀態中，這些人能從未知的恐懼中享受因恐懼帶來的亢奮。

此外，一些人對恐怖片的喜愛還與我們之前說過的「大腦獎勵迴路」有關。

泰山上有一段路叫「快活三里」。這是因為爬泰山是一件很累人的事情，之前的爬山過程耗費了人們大量的體力，唯獨山腰間的這三里路地勢平坦，讓人們的體力得以稍稍緩解，大腿的肌肉能稍稍放鬆。所以，這種累極之後的放鬆感，讓遊客們十分喜愛「快活三里」。

同樣的，恐怖片的恐懼感和緊張感對愛好者來說也是一種刺激，他們把「避開死亡」當作一種經歷了恐懼、緊張之後的正向行為，所以獎勵迴路會對「看恐怖片」這項行動進行強化，刺激愛好者觀看更多的恐怖片。

〈05〉

你收穫的新知

回憶年少時期郊遊前、中、後期三個時間段的不同快樂程度，我們發現期待其實能帶給我們更多的快樂。這種快樂獎勵之所以出現，其實是源於未知，即使這種未知有可能會帶來意想不到的結果。

不可預知就和打開「認知缺口」一樣，能有效激起上癮反應。柏恩斯教授的實驗，說明在等待未知的過程中，受試者在長時間的等待中會表現得更快樂。

對大多數人來說，相對良好的預期能帶給自己更多快樂，所以無論是電視劇還是電影、遊戲，想獲得收視率或票房，能讓多數人喜聞樂見的結局是主流；對少部分人來講，恐懼也能實現人的「高水準喚醒」。

正如《阿甘正傳》中阿甘那句著名的臺詞：「生活就像一盒巧克力，你永遠不知道下一顆會拿到什麼。」沒錯，未知才是生活最大的魅力。

04 預設選項──「讀心歌單」讓你摘不下耳機

為什麼「預設自動播放下一集」就能讓人一聽到底？
哪個小小的改變可以讓器官捐贈率提高一倍不止？
為什麼「預設選項」有如此大的「說服力」？

〈01〉

前面的章節中我們已經講過，中國的網路小說已經成為繼美國好萊塢、日本動漫、韓國偶像劇之後的「世界第四大文化現象」。但正所謂沒有最好，只有更好。隨著網路時代的發展，以喜馬拉雅、蜻蜓FM、懶人聽書等音訊類APP為主要代表，組成了一個由內容生產者、音訊轉述師、廣告以及消費者所構成的封閉生態圈，在這裡消費者可以得到更好的視聽體驗。

現在，如果你喜歡一部網路小說，不需要費神上網閱讀，音訊類APP會將網路小說播放出來，你可以在任何時候打開APP收聽小說。

更貼心的是，這些APP基本上都有「預設自動播放下一集」的功能，這表示如果前一集結尾的內容已經打開了你的「認知缺口」，想要繼續聽下去的話，都不需要親自動手，躺著就可以接著聽下一集。

不要小看這種預設選項為「自動播放」的設置，這將大大增加消費者使用APP的時間，讓企業獲得更多的廣告收入。

Questmoblie、艾瑞、易觀等協力廠商資料平臺顯示，音訊類APP的消費者平均使用時長已經達到每天一百三十五分鐘。就算以兩千萬每日活躍消費者數來計算，也相當於一個人從堯舜禹時代一直聽到現代。

〈02〉

為了讓你理解「預設選項」這個設計的奇妙效果，我要重點介紹理查．塞勒在《推力》（*Nudge*）一書中敘述的實驗。一項關於捐獻人體器官的實驗，由艾瑞克．強森（Eric Johnson）和丹尼爾．高斯坦（Daniel G. Goldstein）兩位教授一同完成。

眾所周知，在醫療領域裡，人體器官捐贈的需求遠大於供給，一位腎衰竭的病人往往等上數年都無法找到合適的腎臟捐獻者。因此，在黑市裡，一個腎臟可能會被炒到二十六萬美元，心臟和肝臟的黑市交易價也高達十幾萬美元，這也導致了很多黑道集團販賣人體器官，對社會造成了極大的危害，如《殺破狼》系列電影講述的正是警方和這些犯罪組織之間的較量。

因此，消除大眾對器官捐贈的誤解，提升器官捐贈的意願，無疑是解決當前社會器官短缺困境的關鍵。在兩位教授的分組試驗中，其中一組預設是不捐器官，他們可以點擊滑鼠改變這個選擇；另一組雖然措辭相同，但預設是同意捐器官，一樣可以點擊滑鼠改變選擇。

結果，預設不捐器官組的捐獻率僅為四成二，而預設捐贈組的同意率竟高達八成二。為排除國籍對人們決策的影響，兩位教授還研究了德國和奧地利兩個國家。德國採用的是預設不捐策略，結果只有百分之十二的人同意；奧地利採用的是預設捐贈策略，結果幾乎人人選擇死後捐贈器官。

〈03〉

為什麼「預設選項」能產生巨大的說服力，導致這麼大的決策差異呢？

因為從腦科學的角度來說，人類的大腦是非常懶惰的。大腦構造的「前額葉皮質」參與自控和決策需要耗費腦力，所以在日常生活中不會輕易調用，而是自動啟動人類本身快速反應的直覺系統，參與大部分的簡單決策。

比如，你在速食店門口看到一扇門，門上有一個把手，儘管門把手上面寫著一個大大的「推」字，你還是會自然而然去拉這扇門。

當我們面對預設選項時，直覺反應是順從地執行，而不是調動腦力，請前額葉皮質苦思一番。這也是為什麼像賈伯斯、祖克伯這類成功人士每天都穿同款服飾——因為這種「預設選項」的確可以節省腦力，讓這些精英把更多的腦力投入於工作。

當你理解這些後就知道，「預設選項」正是試圖在你還來不及調用前額葉皮質做出改變前，率先幫你做決定。而且，你還會覺得是自己主動做出決定的——儘管這個「預設選項」對設計者來說更有利。

〈04〉

基於同樣的原理，很多影片類網站在推薦會員時，往往會採取首月一塊錢加連續包月的行銷策略（還記得我們曾談過的登門檻效應嗎？）。

很多消費者為了看一部新上映的電影，或搶先看一部熱播的連續劇，會選擇花一塊錢成為VIP會員，一旦第一個月過去，由於預設選項為簽訂連續包月的續訂協定，所以這類影片類APP就會自動從你的帳戶裡扣除每月的會員費。

當然，有些人會因為特別在意這筆錢而取消連續包月，有些人則表示無所謂。當然，還有人想要取消，但找不到在哪裡取消，因此每個月依然為會員費買單。

同樣的，隨著電信費的下調，電信公司為了阻止銷售額下滑，保持消費者黏著度，會主動打電話推銷套餐。相信很多人都接過這樣的電話，客服會熱情洋溢的說要免費贈送你三個月流量，你可以在第三個月取消，但預設選項是續訂。

很多人在這三個月裡已經養成無限使用流量的習慣，三個月後就會因為流量不夠用而續訂套餐。有些消費者就算流量使用不多，也由於太麻煩，費用也不高，便不主動致電取消。

〈05〉

你收穫的新知

享受網路小說更好的方法是「聽」。這些APP會在每集結尾打開你的「認知缺口」，然後預設自動播放下一集，讓你一聽到底，大大增加了使用這些APP的時長和企業的廣告收入。

同時，我們還理解到，只是一個「預設選項」的變化，就讓人們捐贈器官的意願增加一倍，甚至數倍。

「預設選項」之所以有強大說服力，是因為大腦本身的懶惰。日常生活中，我們很少會去使用前額葉皮質調用腦力做決策，而是把選擇權交給直覺。而「預設選項」恰恰運用了這個規則幫你做決定，使決策結果對「預設選項」設計者有利。

因此我們明白了，日常生活中，無論是影片網站還是電信公司，都在使用「預設選項」悄悄影響我們的決策。

05 總結——蔡格尼效應的詛咒與解法

本章的前半部分，我們瞭解了蔡格尼效應如何讓人癡迷，以及企業是如何運用蔡格尼效應來打開受眾的「認知缺口」；後半部分則討論了不可預知如何像打開「認知缺口」那樣使人上癮，以及企業是如何設計「預設選項」來助推「認知缺口」，從而讓你做出對它們有利的行為。

下面，讓我們來鞏固已學習到的知識。

〈01〉

蔡格尼效應

心理學家蔡格尼很好奇：為什麼服務員在顧客點單後個個記憶力驚人，能記住每桌到底點了什麼菜品；然而一旦上菜結束後，服務員就彷彿突然失憶了似的，再也記不起誰點了什麼、誰的牛排要幾分熟。

這個現象勾起了蔡格尼教授的好奇，也打開了其「認知缺口」。他回去後，滿腦子想的都是這個問題，最終，蔡格尼教授設計出一個心理學實驗來推測其發現，於是就有了本章前面看到的「二十二件簡單的工作」實驗。

這是一個有趣的實驗，因為教授透過這個實驗發現了「蔡格尼效應」。

所謂蔡格尼效應，是指人對未處理完的事情比對已處理完成的事情印象更深刻，這是一種對未竟之事的緊張感，是一種對缺口和圓滿的追求，也是人們對好奇事物渴望得到解答的強烈訴求。

這種訴求讓人對開放性的電影結尾產生熱議，讓單身人士時不時想搜尋年少時期暗戀對象，讓閱讀類APP透過先免費再收費的模式大獲收益……

〈02〉

認知缺口

我家巷口有一家餐廳主打小龍蝦菜品，每天門庭若市，非常熱門。老闆是一個奇葩，在老闆授意下，這家小龍蝦店有個不成文的規定，那就是隨便哪個已經點好菜的顧客，只要衝到門外用店裡的擴音喇叭大喊三聲：「我愛×××小龍蝦店，我愛×××小龍蝦店，我愛×××小龍蝦店，重要的事情說三遍，說三遍！」那麼，這桌就能免費獲得一盤十隻裝的小龍蝦。

說來奇怪，自從老闆實施了這個規定後，這家店硬是成了整條街生意最好的一家。

外行人看熱鬧，內行人看門道。一般人貪圖有趣，駐足觀看，哈哈一笑也就過去了，但聰明的你一眼就能看出其中的端倪——老闆利用已消費顧客去激發更多潛在顧客的好奇心，設法打開他們的「認知缺口」。這樣一來，店外的顧客就會對餐廳留下深刻印象，下次外出吃飯時就會前來光顧。如此循環往復，一個「引流、轉換（付費）、裂變、引流」的模型就此誕生。

同樣，熱門連續劇、電影預告片、脫口秀節目等劇本的撰寫手法，使用的同樣都是「認知缺口」法則。

〈03〉未知性

小時候，我們不僅十分期待郊遊，對長大成人這件事情也同樣期待。所謂期待，是我們對未知事物的一種嚮往和憧憬。

因為這份對未知的期待，人類背上行囊，從自己待膩的地方前往別人待膩的地方，尋找全新體驗，這就是最初的旅行。同理，很多年輕人不願意從事那些一眼就能看到結局的工作，而是走出去尋找人生的另一種可能。甚至，人們在面對死亡的時候，除了充滿恐懼外，其實還有一點期待。

神經學家格雷戈里·柏恩斯用實驗從神經科學的角度向我們證明了大腦對未知的偏愛。雖然可預知組在第一次吸到果汁時，大腦愉悅區的確被啟動了一下，但隨之而來的卻是遞減；而不可預知組不僅每次果汁入口都能引發愉悅，在等待期的體驗甚至會更快樂。

當然，大部分人愛果汁，但也有少部分人喜歡苦膽水，追求刺激。因為這種刺激能讓人實現

「高水準喚醒」，在這種狀態下，他們能從未知的恐懼中享受因恐懼而帶來的亢奮。

同樣的，恐怖片帶來的恐懼和緊張感也是如此。雖然這會造成死亡的壓力，但影片結束後，人就會回到安全的現實，完美避開真正「死亡」帶給人的恐懼。這時，獎勵迴路就會啟動，繼而強化觀影者對恐怖片的喜愛。

〈04〉

預設選項

「預設選項」是「認知缺口」的搭檔，會推動人們去做對設計者有利的事情，而且會讓人們以為是自己做的決定。

聽網路小說本來就容易上癮，現在如果在結尾有懸念的地方戛然而止，然後自動播放下一集，你自然就會一聽到底。

以前你可能不理解，為什麼會有企業讓你僅需付押金，就能免費使用一個月家庭淨水器呢？讀完本章，你就會明白，因為「預設選項」會讓你習慣這個設備的存在，一個月過後，你會自然而然地買下這台淨水器。

越來越多作者已經掌握了下標的方法，這是另一種形式的「預設選項」——作者期望你閱讀他想要你重點閱讀的文字，所以非常貼心地告訴你哪裡是重點、哪裡應該放慢速度，讓你閱讀時有的放矢。

是的，大腦就是如此懶惰，不願耗費腦力調用前額葉皮質做決策，所以一般情況下，直覺系統就是你的預設導航系統。即使是《推力》的作者——諾貝爾獎得主理查·塞勒，都會在已經出入多年的教室門口，對著有門把手的推門做出「拉」而非「推」的動作。

所以下次，如果你要嘗試說服別人，記得學會巧妙設置「預設選項」，學以致用。

〈05〉

清醒思考

行為上癮原理之五：未完成感——來自蔡格尼的詛咒。蔡格尼效應讓你認識了未竟之事對你產生的作用，讓你念念不忘、印象深刻。但我們要注意，不要被這種情緒綁架，牢記它們打開的僅是你的「認知缺口」。

「認知缺口」會讓你有想要去填補缺口的衝動，如果不想被連續劇左右，不想因為預告片而為電影貢獻票房，不想被「釣魚式標題」騙去點擊，就試著在做下一步行動時停一下，問問自己是不是不小心踏入了圈套。

「探索未知」的確是人類的本性，如果沒有對「未知」的好奇，自然也就沒有潘朵拉寶盒。但「未知」也為我們埋下了期望的種子，讓我們能夠遇見未知的自己。

「預設選項」讓別人看穿了你的大腦習慣偷懶，但只要有一定的意識，重啟前額葉皮質動用腦力，用思考去辨別他人操縱的痕跡，你其實完全可以掌控一切——像是聽完網路小說的下一集開頭，填滿「認知缺口」後選擇暫停，然後在合適的時間繼續收聽。

Chapter 7

社群依賴，進入難以自拔的網路迷宮

01 網路社交——無形網路網住有形眾生

為什麼有人會在各個群組裡瘋狂轉發團購湊單？
什麼是馬斯洛人本主義心理學的七層需求？
為什麼全球排名在前的APP有一半以上都帶有社交屬性？

〈01〉

你有沒有見過某些朋友，他們在各個群組裡請求別人一起湊團購，甚至狂轟濫炸動態？更誇張的，可能會一而再，再而三私訊你，一下是水果、一下子是某堂課，有時候或許是一雙鞋，請求你和他（或她）一起購買。

是的，這一看就是一位使用團購APP「拼多多」上癮的消費者。

「拼多多」是近來一款現象級APP，當所有人都以為電商市場早已瓜分殆盡，後來者已經再無機會時，沒想到，它在網路下半場突然橫空殺出，短短三年間使用者數量就已經達到三・四億，一舉超過積蓄時間長達十年的「京東商城」，現在更是已成功上市。

「拼多多」的成功得益於對聊天軟體社交功能的極致運用。開始的時候，消費者會被一件商品吸引，如一雙鞋子：單獨購買二十九・九元，發起團購拼單後，價格只有九・九元。為什麼以前動輒幾十元甚至上百元的一雙鞋子，現在居然便宜到不可思議，滿五人就可以湊團含運？

因為以前廠商到消費者，不僅需要通過層層管道，還要加上行銷、店面、人工等成本，即使是電商如京東、淘寶，在流量越來越貴的今天，其「獲客成本」仍然十分高昂。而透過你來發起團購，找到和你有相同需求的四個人一起購買，廠商就會大大降低「獲客成本」。儘管利潤微薄，但薄利多銷，廠商還是能夠賺到錢的。

所以，這才有了我們最開始看到的場景，一個團購發起人為了找到四個相同需求的人，像是上癮般在群組、社交動態以及他所能觸及的所有社交網路裡「求拼團」。

〈02〉

微信眼睜睜看著這類依靠著社交軟體迅速崛起的電商，自然不甘心。作為中國首屈一指的行動上網社交場所，微信自然也期待運用社交元素進一步完善產品生態鏈。

「微信讀書」正是微信旗下的一款閱讀應用程式，為了從競爭激烈的行動閱讀APP中殺出一條血路，微信讀書把湊團購玩法做了改良，發起了每週「組隊閱讀」的全新玩法。

組隊閱讀其實就是由一位閱讀愛好者發起組隊閱讀，分享閱讀連結到群組或自己的發文動態裡，邀請朋友一起來組成一支五人的讀書隊伍。凡組隊成功，每人都可以在每週六的中午獲得一張隨機天數（一般是一至三天）的無限閱讀卡，隊長則可以額外得到三天閱讀時間。這些無限閱讀卡意味著在規定時間內，你可以免費閱讀絕大多數微信讀書裡的付費電子書。

除此之外，微信讀書還能看到你的好友最近在讀哪本書，甚至還能直接從微信裡調用通訊錄裡好友的閱讀資料，生成一個本週即時閱讀時間榜，並幫排名前面的朋友按讚，讓你輕鬆實現人際互動。

〈03〉

由於微信團隊非常看好社交賽道，二〇一八年下半，微信官方上線了一個功能「好看」。當一位用戶閱讀完一篇文章後，如果覺得文章寫得不錯，並且點了右下角的「好看」，這位用戶微信通訊錄裡的所有人都能在發現頁的「看一看」裡看到他這個動作。

當你的微信好友中有好幾個人對同篇文章點了「好看」，文章會以「好看」的數量倒序排列，「好看」數最高的那篇就成為最先映入眼簾的文章。

你看到那麼多朋友都看了這篇文章後，根據「從眾效應」，就算這篇文章的標題再糟糕，你還是有比較大的可能去點開這篇文章，看看到底是什麼原因吸引了你周圍那麼多朋友的關注。

沒錯，微信「好看」功能上線後，又讓這個十億人次的APP變得更厲害了。因為點了「好看」，雖然只是在螢幕上點了一下，卻相當於增加了一次朋友間的互動——「嘿，這篇文章不錯，你也看看。」

這種社會互動不僅能讓人們在虛擬空間裡，用最低的成本碰撞思想，同時還秀了一下智力優越感，讓別人看看自己看過哪些深奧的文章，也滿足了馬斯洛需求層次理論中包括社交需求在內的多種內在需求。

〈04〉

很多人都聽說過馬斯洛的五層需求層次理論，但如果你有進一步研究，就會發現其實是七層。在亞伯拉罕．馬斯洛的人本主義心理學中，這七層按照重要性和層次排序如下。

生理需求：人類最基本的需求，包括吃、穿、住、健康、性等需求。

安全需求：人們期望生活穩定、職業有保障、免於各種災難等需求；

社交需求：也是歸屬感和愛的需求，是人們對友情、愛情、信任、溫暖等的需求。

尊重需求：包括自我尊重，贏得他人尊重以及提高自我評價的需求。

認知需求：是一個一般人很少知道的需求，是人們對探索周遭世界以及解決問題的需求。

審美需求：每個人都會欣賞美好的事物，審美需求是追求美好的需求。

自我實現：是人類最高等級的需求，是希望創造讓自己趨近完美甚至改變世界，從而達到所謂「高峰經驗」的一種高層次需求。

馬斯洛認為，在一般情況下，低層次的需求滿足後，高層次的需求才會逐漸體現出來。

而在網路社交中，不僅人們的社交需求得到了充分的滿足，其他需求也都可以實現。比如，別人的按讚，讓我們得到了尊重需求；組隊共讀電子書獲得免費無限閱讀天數，滿足了我們的認知需求；線上主播直播實現了人的審美需求；線上撰稿讓所有人閱讀則是自我實現的需求。以上需求透過網路社交，透過人與人之間的連結得以高效實現，這樣的多象限層次需求的滿足，怎能不讓人癡迷？

〈05〉

事實上，不僅在中國，如果你翻開全球APP排行榜，你會發現，許多活躍度高的APP都帶有社交屬性。

分析平台App Annie發佈的《二〇一九行動市場報告》顯示，全球月活躍消費者排名前十名的APP依次是：Facebook、WhatsApp、Messenger、微信、Instagram、QQ、支付寶、淘寶、WiFi萬能鑰匙、百度。

可以看到，前六名清一色是社交類APP，可見不僅中國人熱愛社交，其他國家的手機使用者也都對社交應用軟體情有獨鍾，哪怕Facebook經歷過使用者資訊洩露事件的風波，可這款擁有全球用戶共計二十六．六億的社交網路巨霸依舊屹立不倒，穩坐世界第一APP的寶座。

是的，正因為人類天生有對社交的渴望，而行動上網又在空間和時間上滿足了人們從聊天到組團購物，從分享照片到組隊讀書的多種心理需求，人們才會對這些ＡＰＰ如此癡迷。

〈06〉

你收穫的新知

馬斯洛需求層次理論不僅僅只有五層，而是七層，應該還要包括認知和審美需求。

除了生理和安全這兩種最淺層的需求之外，從第三層開始的多象限需求都和人類的社交活動有關。同時，隨著行動上網普及到每一個角落，網路社交將會成為我們這代人無法割捨的需求。

02 互惠裂變——銷售界為之顫慄的行銷「核武器」

什麼樣的內容能讓消費者分享到發文動態？
為什麼一家創業不到兩年的新創品牌能發展成中國第二大連鎖咖啡品牌？
什麼是AARRR模型？

〈01〉

你可能在網路上看過一種聽課學習的圖檔，圖檔中通常有個講師的形象，內容主打一門技巧。比如，教你如何提升說話技巧，或者怎樣學會高效時間管理，原價××元，現在限時免費。掃描行動條碼後，你會進入一個臨時群組，群裡的機器人小助手會要求你，二十四小時內轉發這則圖檔和文案給你的朋友。然後小助手還要求你將轉發的截圖傳到這個臨時群組裡，這樣你就能領取免費聽課的資格。

以上流程，就是典型的轉發貼文裂變的流程。

「裂變」已經不再是一個新興詞彙，然而，當你的發文動態充斥著各種裂變聽課手法後，越來越多的人便產生了審美疲勞。正當很多網路行銷人開始抱怨裂變時，突然殺出一匹黑馬——瑞幸咖啡（Luckin Coffee）[6]，這品牌成為了近來罕見的現象級社交互惠裂變成功的典範。

某天週末的午後，瑞幸咖啡的廣告悄悄出現在你的朋友圈裡，這是一則來自你某個好友的推薦，上面寫著：「這個週末，請你喝杯免費大師咖啡，咖啡和運動很配哦。」

當大多數人被「免費」「大師咖啡」等關鍵字吸引並點選連結後，並沒有任何人要求你做任務，映入眼簾的是一位女明星，畫面中，她頭頂一杯藍色包裝紙杯咖啡，右上角寫著一句文案：「送你一杯免費大師咖啡，請品鑑！」左下角則是「大師咖啡由WBC世界冠軍精心調配」。

人們雖然不知道WBC是什麼比賽，但明星代言加上世界冠軍，以及藍色圖案配上不俗的鹿型剪影LOGO，向一位全新的消費者強烈暗示了活動的真實性，讓消費者想看看瑞幸給的福利到底是什麼。

之後，頁面跳轉：「恭喜您！獲得一杯免費大師咖啡已放入您******帳戶。」然後又是一個觸發開關：「現在去享用。」點擊按鈕後，頁面會引導你去下載瑞幸咖啡的APP……

〈02〉

你可能會說，這不是APP觸及新顧客的標準手段嗎，似乎並沒有什麼神奇之處。然而，如果你仔細觀察瑞幸咖啡的這個社交互惠裂變案例，就會發現，其行銷設計的巧妙之處就在於，

1 二〇二〇年四月，瑞幸咖啡因數據造假，股價暴跌，更遭到納斯達克禁止交易的命運。

當你分享出去後，不僅填手機號碼的新顧客會獲得一杯咖啡，只要優惠券被使用，分享者也能免費獲得一杯。

在本書第二章中介紹過著名的消費者行為公式B＝MAT，即行為（Behavior）＝動機（Motivation）×能力（Ability）×觸發（Trigger）。我們正好複習一下：要使消費者產生你預期的行為，動機、能力和觸發場景一個都不能少。

從這三個因數逐一分解。發朋友圈的能力無須擔心，人人都有；觸發條件則是由瑞幸準備好、標準化的朋友間推薦圖文，這更不是問題。但傳統的裂變方法之所以失靈，主要原因在於轉發聽課的行為會讓使用者覺得在自己的朋友圈裡「丟臉」，所以，更多的消費者要麼「設定群組」隱藏裂變發起方，要麼就是在「免費聽課」和「丟臉」的兩相權衡下喪失了轉發朋友圈的動機，乾脆直接關閉。

但瑞幸咖啡的高明之處就在於，「我」發朋友圈不會讓你的朋友落入無奈地轉發相同話術與海報的困局，而是讓自己的朋友能真正享受一杯免費咖啡。這種讓自己「臉上增光」，同時讓朋友得到實惠的方式，給了消費者轉發朋友圈的強烈動機，於是一個願意轉發，一個願意領取，正如瑞幸咖啡的口號：「這一杯，誰不愛。」

〈03〉

龐大的使用數增長證實了瑞幸咖啡的成功，瘋狂轉發朋友圈和喝瑞幸上癮的複購消費者支撐了企業的業務增長和經營擴張。從二〇一八年五月八日正式營業到現在，這個藍色的咖啡品牌在北京、上海、廣州、西安、青島等二十一座城市佈局了超過一千四百家門市，短短時間竟然發展成國內第二大連鎖咖啡品牌。在二〇一八年「雙十一」為期七天的活動中，更是完成銷售一千八百二十萬杯咖啡的壯舉，刷新了業界的紀錄。

由於咖啡市場本來就是一個高頻加市場大的品類，並且，瑞幸咖啡的品質不低，價格上還長期實行優惠政策，所以實際價格僅僅是星巴克咖啡的一半。

在這種品質和價格雙重保障的前提下，基於社交元素的互惠裂變自然讓這個藍色小鹿形象的咖啡品牌異軍突起，線上獲客成本越來越高的今天，瑞幸咖啡憑藉獨特的行銷手段和價格殺出了一條路。

老顧客因為存在需求且認為價格合適，選擇留存並複購；新顧客由於老顧客在朋友圈的「饋贈」開始嘗鮮，嘗試後發現產品價廉物美，轉而成為另一批反覆購買的老顧客——這讓整個社交裂變行銷組成強有力的閉環。

而這整個過程，正符合《成長駭客》中提及的AARRR模型。

〈04〉

AARRR模型，由美國成長駭客網路社群GrowthHackers.com的聯合創始人兼CEO西恩·艾利斯（Sean Ellis）提出，對應的字母分別是Acquisition（獲取消費者）、Activation（促進活躍）、Retention（提高留存）、Revenue（獲取收入）、Refer（自主傳播）。

獲取消費者：簡稱「拉新」，即透過行銷手段設法讓一位新顧客開始使用你的產品。

促進活躍：使用包括激勵手段在內的方法，讓消費者在產品內瀏覽、使用或留言。

提高留存：連續多日讓消費者登錄產品，並且在產品裡表現活躍。

獲取收入：使免費顧客發生付費行為，讓顧客花錢購買產品。

自主傳播：促使消費者轉發、分享產品，讓更多人知道或使用。

無論是哪個行業、哪種品類的產品，在獲取「種子消費者」後，都可以透過提高消費者的活躍度，讓消費者重複把注意力和時間交付給商家，後續盈利只是時間問題。

透過近悅遠來（使近處的人得到好處而高興，遠方的人聞風就會投奔而來）的方式，商家可以讓滿意的顧客有足夠動機傳遞資訊。比如，使用贈一得一的行銷手段，讓消費者以「有面子」的方式形成自主傳播模式的同時，促使消費者在社交平台中分享商家的產品，讓新顧客樂於領取福利。

這些招式環環相扣，每次出招都能引發消費者的好奇，促使消費者轉發分享，這種玩法誰能拒絕呢？

〈05〉

你收穫的新知

現象級網路咖啡產品瑞幸咖啡指數型成長的核心是互惠裂變，透過贈一得一的創新模式，讓轉發贈送的人有面子，讓實際領取者得實惠。最終，透過AARRR，也就是「獲取消費者、促進活躍、提高留存、獲取收入、自主傳播、獲取消費者」的循環，讓參與者流連忘返，同時令企業實現迅猛成長。

實際上，隨著瑞幸咖啡開疆拓土的成功，越來越多的APP開始模仿和學習這種互惠裂變的做法。比如，微信讀書每週贈一得一免費閱讀時間，又如「餓了麼」派發紅包和外送優惠券，這些都是促使消費者產生分享動機的方法。

03 社群社交——讓你「大癮癮於世」的虛擬組織

為什麼人人都愛進新群又捨不得退出舊群？
人們進入群組的五種動機是什麼？
為什麼說弱連結能對一個人的工作和事業產生重大作用？

〈01〉

你有多少個聊天群組？你是不是每隔一段時間都會加入一個新群組呢？

沒錯，儘管很多人都抱怨自己加入太多群組，訊息看不完。但每當有一個新群出現時，卻又忍不住想加入；就算有些群已經很久沒人發言，或者被自己隱藏了，卻依然捨不得退出。

這種心態或許和我們前面講過的「損失趨避」有關。「微信群」是網路社交的一種進化產物，從最早完全是陌生人的聊天室、BBS，QQ群，再到如今的微信群……以上這些，無論你現在是二十、三十還是四十歲，都十分熟悉至少其中一種社交方式。

不過，微信群最大的優點是做到了真正的即時性，由於每個人至少都有一支手機，所以人人都能即時透過手機接收和回覆訊息，這要得益於如今智慧手機、4G網路以及WIFI的普及。

但也正因如此，群組裡的訊息才會成為我們深度工作時的干擾因素——只要有新訊息發布，通知提醒往往會在電腦或手機上閃爍，讓我們忍不住點開，看看群裡又說了些什麼。等我們看完訊息回過神來重新開始工作時，卻又一陣恍惚，不知道剛才做到哪裡。

以上都是我們日常的真實寫照，但為什麼明明知道這可能打擾自己，大多數人卻仍舊喜歡不斷加新的群組？下面，我將從人們加群組的動機來探討，到底是什麼讓我們對這一個個虛擬的小社交網路難以抗拒。

〈02〉

你還記得你第一個加的微信群是什麼群嗎？很多人都難以答出這個問題，因為現在每個人手機上的群實在是太多了。但加群的動機，大致可以分為以下五種：

情感連結：家庭本身就是一個社會化組織，加上現在每個家庭成員手裡都至少有一支智慧手機，所以，大家自然會形成一個群組。當然，家庭群也有大小之分，最小的可能是你與父母、子女的；大一點的可能是大家族所有親戚組建的家族社群。

在這些社群中，家庭群的功能主要是替代了以前的電話聯繫。家庭群裡的一些內容也以瑣事為主。比如「我的快遞到了沒」「今天回不回家吃飯」……當然，旅遊時大家可以把各自拍的照片傳進群，挑選一些拍得好的上傳社群動態等等。

與家庭群組不同的是，家族群組往往只有在過年、清明祭祀等重大節日期間較為活躍，以搶紅包或者溝通排程等作為主要話題。

人際拓展：從古至今，「多個朋友多條路」的觀念已經深植人們的腦海中。職場社交群或者校友群裡，我們更期待連結到與自己專業相關的中高端人士，從而為解決工作難題甚至換更好的工作鋪路。

很多人知道「弱連結」的概念。「弱連結」是一個相對於「強連結」的概念，美國社會學家馬克·格拉諾維特指出，一個人工作與生活中最密切的社會關係並非親戚、朋友、同事等強連結，而是偶爾聯繫一下，甚至是只打過照面或聽說過姓名的「弱連結」。因為在「強連結」中，大家知道的資訊都差不多，無法形成有效的資訊價值，但「弱連結」則不同，由於知識結構和平時獲得周遭資訊的迥異，「弱連結」往往能產生互相補充、互相促進的增益作用。

微信群裡的人際連結恰恰符合「弱連結」結構，這就存在一定的機率為現在或將來的自己提供價值。

比如，一個同行的總監最近在招募一個經理，而你的能力以及發展要求恰巧與該職位相當匹配，那麼你們就很有可能會在這類微信群裡接觸。又如，一些製造業的設備一時找不到特定配件而停工，那麼，一位設備工程經理在一些行業群裡問問，就很有可能找到別廠的備件，互相拆借，互相幫助。

工作需要：現在，很多部門都會組建工作群，在群裡討論工作任務，回饋資訊。甚至很多網路公司在全國各地都有分公司或加盟商，微信群可以做到即時便利的資訊同步，政策檔案或培訓課程佈達及分公司、加盟商回饋問題的解決等。

比如，在很多企業中，總裁和副總裁、總經理、總監會形成一個高層群；總監則會和部門經理、主管形成中層幹部群；基層主管則可能和小組長、業務員形成基層管理群。當一位經理即將升任總監時，會被邀請進高層群，這種榮譽感也是組織激勵的一種有效形式。

行銷推廣：近年來，「斜槓青年」這個詞流行起來後，更多有想法的人會著手開設自己的社群專頁，為自己賺些外快，或開啟一條網路行銷的副業之路。以前，沒有其它方法能讓更多人看到你寫的文章，或者讓陌生人購買你的產品，群組就成了一個自然開放場所。

比如，有些個人公眾號的作者，會期望加入更多的微信群，把自己的公眾號文章轉進去，擴大觸及量從而提高閱讀量，進一步增加粉絲。很多個人商家也期望在各種群裡增加好友數量，然後再透過朋友圈宣傳自己銷售的產品，增加銷量。

技能提升：在當前這個充滿知識焦慮的時代，由於社會發展速度超過了以往任何時代，人們發現自己的技能越來越不夠用，加上知識付費盛行，許多微信群正在成為一個個技能提升的學習型組織。

比如，很多人覺得自己的說話技巧需要提高，一些積極學習者就可能在朋友圈裡呼喊，組織對這個話題感興趣的朋友共讀一本書，或者共聽一個知識專欄來提升技能。又比方說，大家覺得早起是一個好習慣，所以身邊總有人會開一個早起打卡群，用互相激勵的方式，在早上醒來的第一瞬間在群裡打一個「一」，表示自己已經起床。

當然，更多的技能提升群很可能是一些技能提升類的網站，或知識付費類APP官方成立的學習社群，透過深度和精細化服務消費者，提供更多附加價值，從而留下消費者，繼而激勵複購或裂變新消費者。

〈03〉

你收穫的新知

每個人的群組都在不斷增加，人們卻捨不得從群裡退出來，這是個不爭的事實。同時，我們也分析了人們進入各種群組的動機，主要分為：情感連結、人際拓展、工作需要、行銷推廣和技能提升五種。

事實上，除了情感連結或者工作需要外，其餘的三種群九成五以上都會變成「一潭死水」或者淪為「不發廣告浪費，發了廣告無用」的廣告群，人們的注意力也早已不在這裡。

但有些運作良好的技能提升群卻可以變成十分優質的社群，這些社群讓人每天都會忍不住想進群互動，有些人甚至還會將群置頂。

04 知識社交——平臺幫你處理知識焦慮

怎樣才能讓學到的內容真正留存？
如何破解「知道了那麼多道理，卻仍舊過不好這一生」的難題？
什麼是PBL遊戲化模型？

〈01〉

你有沒有發現，隨著知識付費這個概念在人們腦海中的深入，你很可能已經為此花了不少錢，囤了不少課，但只是下載到手機裡卻沒有聽；又或者聽是聽了，但聽了也就聽了，聽的時候覺得收獲頗豐，但相關知識並沒有真正留在腦子裡，想要運用的時候，仍舊一片茫然。

是的，這是一個知識彷彿唾手可得的時代，即使是北大清華、耶魯哈佛的名師，我們現在也可以在諸如「喜馬拉雅」「得到」等知識付費平臺上學習他們的課程，汲收他們的思想精華。

然而，學習的本質並非炫耀，也不只是為了緩解自己的焦慮，更不是聽了名校名師的課程後你就會變得多麼博學，而在於讓我們真正理解大師思想的精華所在，提升對這個世界的認知後，運用到實際的生活中，用以解決工作中遇到的難題——這才是人們透過知識付費真正渴求實現的目標。

正是在這樣的背景下，一些具有知識社交屬性的社群訓練營自二〇一八年開始在諸如喜馬拉雅、小鵝通、唯庫等平臺上流行起來，成為一種非常適合人們工作之餘真正學本事，同時交好友的有益方式。

〈02〉

什麼是訓練營呢？

通常的形式是一群有相同技能需求的人在同一個微信群裡，以某個知識付費類的課程作為主要教程，大家每天在群裡藉由收聽後的內容，結合自己的理解寫作業打卡，由一位或幾位已經掌握這門課程的助教帶著大家一起學習的一種知識社交模式。

訓練營這種模式之所以行之有效，是因為人腦在使用不同方式學習的情況下，一段時間後，學習者的留存率是完全不一樣的。根據美國著名學者、學習專家艾德格．戴爾提出的「學習金字塔模型」，人們學習的效率一共分為七個層次，其中前四層為被動學習，後三層則為主動學習。

第一層，**聽講**（Lecture）：這是我們最熟悉的形式，學生時代，老師在臺上講課，我們乖乖在臺下聽。但這種層次的學習，知識留存率是最低的，只有五%，我們平時所聽的音訊課程，實際也就只有這麼一點留存率。

第二層，**閱讀**（Reading）：你現在正在進行的看書學習，就屬於這個層次，閱讀的知識留存有多少呢？很遺憾，也不太好，只有一成。

第三層，**視聽**（Audiovisual）：這種方式是除了聲音之外，再用視覺化的圖片來為你解說，這樣的話大概能記住兩成。比如，下面這張圖，就能幫助你理解學習金字塔是一個什麼樣的模型。

第四層：**演示**（Demonstration）：還記得唸書時被老師叫到臺上，示範某一道題要如何解題時的情況嗎？是的，「贈人玫瑰，手有餘香」，經過一番演示後，可以把大約三成內容留在大腦中。

第五層：**討論**（Discussion）：從討論開始，就正式進入團隊學習、主動學習的社交模式，訓練營往往會讓社群裡的學員連結過去的經驗，與別人討論運用一個技巧的得失，進而達到知識分享的目的。

比如，在人際溝通上，對「感謝時要看著對方的眼睛」這個知識點，之前分享者可能只是無意為之，但經過在群裡和同學們這麼一討論，以後他就很可能（大約五成的留存率）在任何需要感謝的時候也能想起，並且

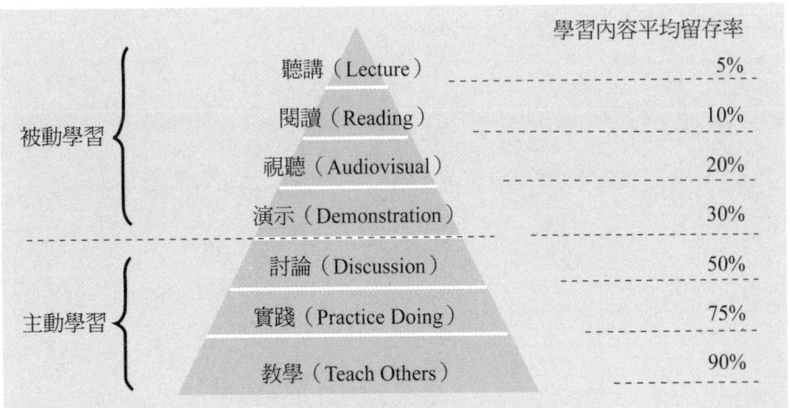

學習金字塔

在實踐中鍛鍊這個技巧。

第六層，**實踐**（Practice Doing）：很多人感慨：「知道了那麼多道理，卻仍舊過不好這一生。」沒錯，正是因為沒有「實踐」，所以就算「知道」也難以「用到」。還是以「感謝時要看著對方的眼睛」為例，如果學習者在遇到感謝場景時想起，並實際運用這種技巧，那麼，他將來把這個動作變成習慣的機率就可以提高到七成五。

第七層，**教學**（Teach Others）：這就是訓練營助教的主要工作。訓練營的經營方通常會邀請學習過這項課程的老學員擔任助教，讓助教幫助新學員學習。同時，助教也能複習自己學習到的內容，把知識的留存率提升到最高，機率甚至高達九成。

正是因為訓練營的學習經過討論、實踐、教學，讓所有人進入學習金字塔底部的主動學習領域，訓練營中的學員學到的知識才會更加牢靠，收聽到的知識也才不僅是「感覺」有收穫，而是真正的「獲得」。

〈03〉

除了內容能為學習社群裡的學員帶來真正的價值，一個運作良好的知識社交訓練營往往還有經過行為設計的遊戲化元素，這種遊戲化策略被稱為「ＰＢＬ遊戲化思維」。

ＰＢＬ遊戲化思維模型，是由美國的商學院副教授凱文·韋巴赫（Kevin Werbach）和丹·

杭特（Dan Hunter）在《遊戲化思維》（*For the Win*）這本書裡提出的一個行為上癮策略。

PBL分別對應的三個單字是Points（點數），Badge（徽章）和Ladder（排行榜）。

點數：這是一個參與者在完成某個規定動作後可以得到的積分，是一種對行為過程的鼓勵。比如，在一個為期二十一天的知識訓練營裡，針對學員每完成一次提交作業的記錄，營運方就會給一個點數，點數累計到六，就可以獲一枚徽章。

徽章：是給參與者的榮譽表彰。比如說，在前面那個訓練營中，如果滿分是二十一分的話，學員累計獲得七個點數，可以獲得一枚電子版「秀才徽章」，十四個可獲得「舉人徽章」，二十一點滿分則可獲得「進士徽章」。當然，也可能換一下名稱，如學士、碩士、博士徽章等等。

不管徽章的名稱是什麼，獲得徽章的同時無疑是向他人暗示：我比你優秀。這就提供了學員們一種成就感，促使他們為了獲得更高階的徽章而更用心投入學習。

排行榜：每隔一定時間就會變換名次的排行榜，激勵作用非常顯著。通常會每天公佈一次點數排名。有些訓練營還會事先承諾，參賽學員前三名可以獲得實物獎勵甚至現金。

有經驗的經營者會在一些更長期（如四十至六十天）的訓練營中，讓所有學員毛遂自薦，報名成為小組長（領導和組織小組學習）、學習委員（督學，提醒小組成員完成作業）等虛擬職位，形成學習小組，讓所有人進入一種沉浸式的學習環境，形成真正的同學情誼。

如此一來，就算訓練營結束後，小組成員之間也很可能成為要好的朋友，甚至個別同學出差經過某位同學的城市時，他們還能線下見面，這樣就真正實現了知識社交，拓展了優質的人際資源。

事實上，二〇一八年十二月，為期三天、總銷量高達四．三五億的「喜馬拉雅狂歡節」中，銷售額排名前六的知識專輯，有四個是訓練營產品。這也驗證了一個事實：知識社交類產品已經成為一個新的小趨勢，將成為下一個資本追逐的風口。

〈04〉

你收穫的新知

知識社交訓練營與學習金字塔的七層模型、知識留存率之間存在密切的聯繫，只有進入主動學習的階段，我們才能過好這一生。

另外，透過行為設計心理學衍化而來的PBL遊戲化模型，用對行為過程鼓勵的方式激勵訓練營的學員進一步完成作業，從而收穫認知，收穫情誼。這樣的知識社交模式，怎能讓人不上癮？

05 總結——社交是人類永恆的話題

本章我們討論的話題由表及裡，首先回顧你熟悉的「水面上」的風景：朋友圈拉人拼團，贈一得一享受福利，微信群和訓練營組織等。另外，我們還深入「水下」，一起洞穿產品經理們的心法和技法，知道了他們運用什麼原理，以及怎樣運用這些原理、方法和工具讓我們行為上癮。

下面，我們將從「道法術器」的角度對本章的內容做一個回顧，當然，同時也會穿插很多案例，幫助你理解和拓展。

〈01〉

馬斯洛人本主義心理學七層需求層次理論

心理學是人類一切活動的基礎，是一種「道」。在現代生活中，生理需求和安全需求在絕大多數情況下早已被滿足，但剩下的這五層需求裡，雖然社交需求看起來只有一層，但其餘的四種需求中，居於第四層的尊重需求、第五層的認知需求、第六層的審美需求，甚至最高層次的自我實現需求，事實上都和社交有千絲萬縷的關係。

尊重需求：比如，有人在群組出言不遜、亂發廣告、不尊重群主，會立刻被群主移出群聊。

認知需求：比如，轉發聽課圖檔的流行，很多人為了能順利聽課，而轉發裂變營運者指定的文案和圖。

審美需求：比如，女孩子們喜歡把自己修圖後的照片上傳，然後再用「老阿姨」「老母親」這樣的字眼形成強烈反差，期望得到親朋好友的按讚留言。

自我實現需求：比如，每天堅持跑步後留下的路線圖、完成公里數和配速，上傳讓更多人知道的同時，豐富和強化了自己在朋友面前的人設，滿足自身成就感。

正是由於產品經理們充分掌握了消費者的心理，設計和反覆運算出滿足人們各種層次需求的產品，我們在網路世界中才會如此樂此不疲、如醉如癡。

〈02〉

AARRR增長模型

如果說需求層次理論是「道法術器」中的「道」，那麼，AARRR增長模型就是其中的「法」。這是產品經理們在實踐過程中，在行動上網社交中發現的大眾行為規律。

你可能會說，我又不用經營網路事業，為什麼要去學習或了解成長駭客模型呢？你要明白，只有知道江湖騙子的騙術，你才能不再落入圈套；只有清楚產品經理們洞悉你的規律，你才可以透過理解規律、洞穿「手段」，才能對那些看起來花俏卻並無實際「獲得」的行銷免疫，避免自己把時間和金錢花費在不必要的事物上。

比如，你明明對一件衣服不感興趣，卻抵抗不了便宜，看見超優惠的價格，你就會點開連結一探究竟。如果你理解AARRR模型，就會立刻意識到，你中了第一個A（Acquisition）——獲取消費者。

緊接著，系統會彈出一張圖片，邀請你玩一個抽獎小遊戲，幸運者有機會〇元就能把這件衣服帶走。你點擊抽獎轉盤：恭喜你，獲得滿一百二十元現折十二元優惠券一張。這就是第二個A（Activation）——促進活躍。

當你發現自己根本用不到這張優惠券，就想關閉頁面，此時系統又彈出一張圖片——「恭喜你，完成了今天的簽到」，請你明天再來。而且每天都有一次抽獎機會，簽到滿七天還能獲得超高額優惠神券。沒錯，這是第三個字母R（Retention）——提高留存。

你好不容易堅持簽滿七天，登錄這個軟體似乎已經成為你的習慣，你也終於獲得了超高額優惠券，全館滿兩百九十九元折一百五十元！費盡九牛二虎之力得到的優惠券，浪費了實在太可惜。於是你又花了半小時挑選商品，終於結帳完成，坐等發貨。恭喜你，完成了別人期望你完成的第四個字母R（Revenue）——讓企業「獲取收入」。

最終，心滿意足用掉這張高額優惠券的你，發現螢幕上有一個計時器在倒數，你仔細閱讀文字：你的訂單即將發貨，一小時內轉發朋友圈，分享給朋友，朋友也可以獲得福利，並額外附贈您手套一副。

是的，AARRR模型的最後一個字母R（Refer）躍然紙上——一副成本不到兩元的手套就能讓你發一條朋友圈，促使你完成「自主傳播」的動作。

這一番行雲流水的消費者行為設計簡直天衣無縫，所以，理解了AARRR模型之後，你看到的就不再是一個個片段的過程，而是能夠瞭解真相，看清每天在你朋友圈裡發生的社交傳播行為背後的本質，洞悉每一個APP引導你行動背後的邏輯，不被產品經理的心理設計左右，不花錢購買自己不需要的產品，也不把時間白白耗費在這個小小的螢幕裡。

〈03〉

入群動機

分析和利用動機是「術」的層面，但動機的背後是人們對社交連結的渴望。

事實上，除了我們在本章前面講過的情感連結、人際拓展、工作需要、行銷推廣和技能提升這五種大眾動機之外，還隱藏著另一種值得警惕且非常容易被人利用的「社交動機」——「聚眾賭博」。

我們都知道，微信紅包有一種隨機紅包的玩法，本身是促進微信群活躍、親人好友之間互相祝福的一種工具，但在一些賭博社群中，這個「隨機」特性卻被賭博群群主（莊家）充分利用，甚至變身為賭博工具。

PBL模型

PBL模型是一種工具，可以說是中國語言體系中的「器」。這種工具在知識訓練營裡的實踐並非首創，在許多需要多人互動的遊戲中，我們經常可以看到PBL模型的身影。

比如「魔獸爭霸3」中的「競技天梯」就是其中的典型。電子競技玩家每個賽季都會從五十級開始，晉級即可成為四十九級，級數越小排名就越往前，最後會根據玩家的勝場次數和勝率作為評定排名的依據。

隨後，全球玩家根據不同的地區形成不同賽區，在這種全球性競技的背景下，哪怕在天梯中能躋身亞洲賽區前一千名都是極大的榮譽。這種榮譽感會驅使玩家投入大量時間和精力——不僅實操實戰，還會瘋狂回看比賽錄影，總結自己在戰術和操作上的得失，甚至將玩遊戲當作自己的職業。

如果你覺得「魔獸爭霸3」已經過時了，那麼就以「皇室戰爭」為競技內容的戰爭職業聯賽CRL（Clash Royale League）為例。這是當下最熱門的全球性電競賽事之一，同樣以PBL模型作為核心框架，CRL聯賽僅僅一個賽季就有超過兩千七百萬人參與，不少年輕人已將電子競技當作養活自己的職業。

〈04〉

清醒思考

行為上癮原理之六：社交元素——產品經理追逐的遊戲。人是社交的動物，對社交有強烈需求，所有帶社交屬性的產品都具有俘獲人心的功效。想不被行動網路產品「套住」，你就要瞭解AARRR模型。

AARRR模型是一套充滿章法的公式：利用吸睛手段獲得消費者，激發消費者的興趣，促進活躍度，用利益驅動養成消費者的消費習慣，贈一得一分享裂變，一環扣一環，如此形成重複循環。

你每天都在使用微信群，那麼多群裡每天有那麼多留言，如果你做不到「少則得，多則惑」，那就得隱藏絕大多數的群。其實，即使如此你也損失不了什麼。

PBL模型是一種充滿魔性的工具，給人榮譽、讓人攀比，促使人去追逐一個看得到的目標。但「器」可以幫助人，也能毀滅人。當你從理性面發現它在「毀滅」你，卻在感性面上癮沉迷，就需要跳到「器」外，看清「器」本身，這樣就更容易掌控自己，而不被「器」左右。

我們要如何擺脫行為上癮

從本章開始，我將和你分享四種力量，來幫助你有準則、有步驟的掌握這些力量，不只讓你逐漸掌控自己的上癮行為，還能駕馭它們成就更好的自己。

Chapter 8

讓你拿得起、放得下的戒癮訓練

01 習慣的力量——讓一個好習慣代謝掉一個壞習慣

如果你想減肥，但幾乎每天都要喝兩瓶碳酸飲料，下面哪種策略比較好：

A：用意志力抵抗　B：改喝茶飲料

C：改喝零卡可樂　D：視情況而定

〈01〉

我們經常會產生這樣的懊惱：一滑手機影片就滑走了原本打算學習的兩個小時；一看劇就毀掉了自己整個週末的安排；一玩遊戲就玩完了整整半年；考證照、研究所的年度計畫一拖再拖；八小時向外發展某技能的企圖心也束之高閣。

父母嘮叨、伴侶失望、自我貶低，就連孩子看到每天拿著手機的自己都央求你放下，說：「爸爸（媽媽），你再不陪陪我，我就長大了！」

你當然知道自己的上癮行為不好，但情緒卻驅使你猶豫不決，放下手機又不自覺拿起。你焦慮地左右滑動螢幕，最終還是點開了那個讓你魂牽夢縈的APP。

而當你重新放下手機時，負罪感油然而生，娛樂過後緊接而來的是更深的焦慮。你開始暗暗抱怨自己沒有意志力，然而，讀過前文的你其實也知道，意志力是靠不住的，它的力量有限，而且你越是不讓自己幹嘛，就偏偏忍不住去幹嘛。

〈02〉

幸好，網路不僅帶給你難以抗拒的上癮誘惑，還會為你帶來真正有效的「認知經驗」。比如《為什麼我們這樣生活，那樣工作？》（*The Power of Habit: Why We Do What We Do in Life and Business*）的作者查爾斯・杜希格（Charles Duhigg），他的學術背景深厚，是耶魯大學學士、哈佛大學碩士，而且實戰經驗豐富、表達能力卓越，曾經在《紐約時報》做商業調查記者，甚至入圍普立茲獎。

在《為什麼我們這樣生活，那樣工作？》中，杜希格提供了一個方法，能有效幫助行為上癮者徹底改掉上癮習慣。他把這個方法稱為改變習慣的「黃金法則」。

杜希格的黃金法則之所以在科學上合理，是因為它符合我們之前講的上癮原理，也就是在一些情況下，我們會被「觸發」，促使你開始進行一個「上癮行為」（杜希格稱「慣常行為」），而這個「上癮行為」必然能帶給大腦獎賞（多巴胺的分泌）。

如此重覆多次，由「觸發、上癮行為、大腦獎勵」形成的上癮迴路就會變得越來越自動，結果，一個上癮習慣就這麼養成了。

〈03〉

雖然上癮習慣十分頑固，但在杜希格看來，想改變其實並不難，可以採取以下四個步驟：

第一步，**確定觸發特徵**。首先，我們要搞清楚，自己通常是在什麼樣的情景下會發生上癮行為，比如杜希格在他的書中舉了一個咬指甲上癮的少女的臨床案例。

這個少女從小就養成了啃指甲的習慣，她非常討厭這種上癮行為。但她仍然控制不住自己，每次都會咬到出血才停下來，這使她的每片指甲都與手指的皮膚脫離，嚴重影響了她的社交生活。

由於指甲的形狀難看，在他人面前，這位少女不是把手握成拳頭將指甲隱藏起來，就是把手插進口袋不讓別人看見。

屢次使用包括意志力在內的方法戒除上癮失敗後，她不得不尋求心理醫生的幫助。

心理醫生問她：當妳把手伸到嘴邊咬指甲時，妳有什麼感覺？

少女說自己的手指有些不自在，指甲根部有些痛，有時還會用拇指去摸其他手指，摸到有倒刺的時候，就會開始咬指甲，然後一個接一個，就像剪指甲一樣，用牙齒去清除指甲邊緣的粗糙部分。

沒錯，指甲感覺不舒服，正是少女要去咬指甲的觸發特徵。

第二步，**釐清何種獎勵**。依舊以這位病患為例。起初，心理醫生試圖直接讓少女梳理咬指甲的原因，對於普通患者來說，這是一件特別難以描述的事情。但當他們進一步詳述回憶時，少女記起自己在諸如看電視或做作業時，咬指甲的動作會頻繁出現。而且，最奇怪的是，每當她咬完所有的指甲時，會產生一種十分強烈的充實感。

心理醫生立刻抓住了重點——這個上癮習慣的獎勵反映出少女期待獲得這種充實感。第三步，**尋找相同刺激**。既然少女潛意識想要的獎勵是充實感，那麼，這種獎勵有沒有可能以其他方式獲得呢？

為了研究替代方案是否有效，心理醫生設計了一張索引卡，並佈置了一項任務：覺得指甲不舒服時，在索引卡上打個勾。依靠某種替代方案成功克制咬指甲行為時，就在一旁再畫一條斜線。實踐果然能出真知。少女嘗試了多種方法，最後，資料為她鎖定了幾種替代行為，諸如摩擦手臂、在桌子上敲指關節等「無害行為」都能迅速產生相同或相似的刺激，帶給她這種充實感。

第四步，**新舊習慣更替**。既然新行為同樣可以產生類似充實感的獎勵，那麼，新的「無害行為」就能替代會對自己或他人造成不良影響的有害習慣。這種用新習慣替代舊習慣的方法，正是我們所說的「習慣的力量」。心理醫生把這種方法稱為「相反習慣療法」。

在使用相反習慣療法一週後，少女索引卡上的資料顯示，她咬指甲的行為迅速下降為原來的四成三；一個月後，咬指甲的行為已經完全被新行為替代，少女徹底被治癒了。

事實上，除了咬指甲，相反習慣療法還廣泛用於抽煙、賭博和強迫症等其他問題上。杜希格告訴我們，正如這位少女不知道咬指甲的真正原因在於對「實質性刺激的渴望」，大多數人在有意尋找驅動自我行為的渴求感之前，通常並不真正瞭解自己。

〈04〉

你收穫的新知

「相反習慣療法」是一種能有效幫助人們改變行為上癮習慣的方法，分為四個步驟：確定觸發特徵、釐清何種獎勵、尋找相同刺激和新舊習慣更替。

使用這種療法，大量的臨床案例改變了原先用意志力無法改變的壞習慣，擺脫了行為上癮的魔咒。

既然你理解了這些步驟和原理，那麼，追劇也好、沉溺於遊戲也罷，在忍不住打開這些劇集和APP時，不妨嘗試分析一下到底是什麼在驅動你的渴求，這些習慣到底能帶給你什麼獎勵，這才是真正值得我們去深究的問題。

有些人找到了答案，開始用一個新的習慣來替代，比如開始每週寫部落格，獲得周圍人的按讚或訂閱；有些人開啟了直播，從一個影片內容消費者華麗轉身為內容創造者，不僅掙脫了原先深陷其中的窘境，還能在工作之餘賺取外快，獲得另一種真實的成就感和樂趣。

02 微習慣的力量——瓦解上癮習慣的獨家「祕訣」

如果想養成每天跑步的習慣，你認為下面哪種策略比較好？（多選）

A：在牆上貼上「自律讓我自由」的口號

B：用意志力告訴自己一定要堅持

C：每天固定時間，跑五百公尺

D：在日曆上做好今天完成跑步任務的記號

〈01〉

《為什麼我們這樣生活，那樣工作？》雖然強大又有效，但有些時候，如果沒有心理醫生的幫助，我們不可能找到能帶來相同的刺激，並給予大腦相同的獎勵，以至於能替代上癮習慣的新習慣。而且，新習慣的培養也需要時間，可能還沒等新習慣培養起來，我們又回到舊的上癮習慣了。

你可能會說，難道要克服行為上癮非得去看醫生不可嗎？答案當然是否定的。你需要做的是進一步提升自己的認知，理解我們的第二種力量——「微習慣力量」。

微習慣是一種自我新習慣養成的有效方法，這個方法出自美國作家史蒂芬·蓋斯（**Stephen Guise**）的《驚人習慣力》（*Mini Habits*）一書。

蓋斯本人和絕大多數暢銷書作者相當不同，他原本就是一個懶蟲，每次都期望改掉壞習慣，但一次次被自己打敗。為了改變自己，多年來蓋斯研究了各種習慣的養成策略，終於自創了一套「簡單到不可能失敗的自我管理法則」。然後，他又透過把微習慣的方法撰寫成書，最終獲得來自全球各地讀者的讚賞。

蓋斯總結的這套方法特別適合意志力薄弱的人，因為他本身就是這樣的人。但正因摸索出這套方法，他不僅寫出了暢銷書，還練出了很多人夢寐以求的八塊腹肌。

講到這裡，我猜，你一定很想知道微習慣到底是怎麼回事。下面就是這套策略的相關介紹。

〈02〉

微習慣之所以用「微」來形容，是因為這種習慣的養成方法非常微小。比起很多人在新年立下的目標，例如：「每個月看完一本書」，「每天做二十分鐘運動」，「每週寫一篇六百字讀書筆記」……來說，微習慣的條件少到令人不可思議。

蓋斯的辦法是用超簡單挑戰讓自己動起來——因為他給自己定的目標是：每天挑戰一個伏地挺身！

如果你是第一次接觸微習慣，一定會驚訝得合不攏嘴，這個目標也太容易實現了！但正是「一個伏地挺身」的目標讓人容易堅持，所以在大腦還沒有發出阻礙信號時，你就已經開始做伏地挺身了。

一個伏地挺身做完後是立刻停止嗎？不，因為人的動作是有慣性的，第二個、第三個伏地挺身就彷彿「牛頓第一定律」一般，讓人做更多。

同樣的道理當然也可以用在讀書、寫作、訓練自己專業技能等方面。當以上某一種行動變成你的新習慣，且替換掉以往的上癮習慣後，你就能像蓋斯一樣，真正實現習慣跨越。

事實上，蓋斯一開始替自己制訂的計畫是每天寫五十字。但幾個星期、幾個月過去後，他已經可以每天寫兩千字了。甚至在出書前，他就已經成為美國著名的知識型部落客，還把寫作變成了自己的職業，真正遇見了一個「未知的自己」。

〈03〉

你一定很奇怪，如此簡單的策略為什麼會產生這麼強大的效果呢？

其實，在此之前，蓋斯也走過不少彎路，他嘗試過激勵式的「動力策略」和懸樑刺股式的「意志力策略」。但前者很容易受到自身心態和邊際效益遞減效應的影響，效果與日俱減，後者則需要強大的意志力。

我已經反覆強調過，意志力是有限的，是損耗品，根本不足以支撐人們的長期行動。根據統計，「二十一天養成一項習慣」的說法是沒有科學根據的。一項習慣的養成少則十八天，多則兩百五十四天。因此，無論是「動力策略」或「意志力策略」，都無法驅動自己進行一項耗時那麼久的行動。

但微習慣策略卻不同，要啟動策略幾乎沒有成本，根本不會讓你的大腦生出「想想就害怕」的念頭，而且這種「微目標」的靈活度很高，哪怕你是利用極短的零碎時間，都能完成每天「閱讀五十字」的目標。

當你每天都能按時按量完成目標，就會提高對自己的評價。連續三個月完成每天「閱讀五十字」的目標，真是再簡單不過了，你想不形成新習慣都難。

〈04〉

既然你已經理解微習慣的原理，下面，就讓我們具體看一下培養「微習慣」的七個步驟：

第一步，**選擇習慣定目標**。人有貪欲，就連目標都不例外。但正所謂「多則惑，少則得」，就算制定微目標，也應盡可能將目標控制在三個以內。因為你的目標是長期的，太多目標會給大腦帶來負擔，會因為擔心今天漏了哪個目標而產生畏難情緒，這樣就背離初衷了。

第二步，**賦予目標意義**。我們知道B＝MAT，其中M（意義），也就是動機，是能產生行動的重要因素。既然需要的A（能力）已經被我們無限縮小，那麼當意義足夠時，就更容易觸發行動。

比如，「每天做一個仰臥起坐」的意義是保持身體健康。因為生病的代價太大了，去一次醫院少說也得花費幾百元。相反，「每天一個伏地挺身」就能讓我們保持健康，幫我們省錢，這樣是不是更能增加你行動的意願？

第三步，**納入日程之中**。將微習慣納入你的日程，在固定時間去做，這樣不僅能增加儀式感，而且由於時間到就去做某事，這個微習慣就會逐漸「寫入」你的生理時鐘，習慣也就更容易堅持。

這裡還有一個竅門：執行微習慣，宜早不宜晚。當你到睡前才去做，很可能會被其他突如其來的緊急事件延宕，而中斷微習慣的執行。如果能將執行微習慣的時間定得更早，時間就會更有彈性，也能確保自己會完成。

第四步，**建立獎賞機制**。我在講《為什麼我們這樣生活，那樣工作？》時說過，習慣之所以能建立，是因為「觸發、行動、獎勵」的大腦獎勵迴路是不斷強化的。那麼，為了讓微目標能在一定時間後演變為真正的習慣，獎勵機制是必不可少的。

比如，你可以在完成「每天閱讀五十字」任務後獎勵自己吃一塊巧克力（如果你喜歡的話）。又或者，每次完成「一個伏地挺身」任務後，看幾分鐘影片犒賞自己。

第五步，**記錄完成情況**。看得見的痕跡本身就是一種獎勵，能讓自己更有成就感。比如，你可以在日曆上打勾以記錄當天任務是否完成。又或者使用「小打卡」「馬上打卡」或者「小小日簽」等小程式，將自己的行動上傳至社群，讓朋友成為你微習慣踐行的見證者。

第六步，**超額完成任務**。微目標是為了讓自己起步，是一種觸發機制，當你感覺良好時，就會在目標完成後讓自己多做一點，比如多做幾個伏地挺身，多寫幾個字，多讀幾頁書。正如「一萬小時定律」所說的——時間用在哪裡，產出就會在哪裡。

第七步，**永不提高目標**。你要知道，微目標的目的是讓自己更容易行動，如果對自己要求過高，結果往往事與願違。當你的微目標變成五十個伏地挺身時，「想想就害怕」的情緒會重新回來。你要做的僅僅是在感覺不錯的時候挑戰更多的慣性。要記住：長期持久大於單次優秀。

當你學會了以上七步，不出三個月，一個嶄新的習慣就會應運而生，取代以前讓你上癮的舊習慣。

〈05〉

你收穫的新知

微習慣就是貫徹小到不可思議的目標。這之所以能奏效，是因為微目標不會讓人產生「想想就害怕」的消極情緒。並且，由於微習慣做起來簡單，每天都能按時按量完成，所以能讓我們對自己產生不錯的評價。

要想養成一個微習慣，共有七個步驟，分別是：

選擇習慣定目標、賦予目標意義、納入日程中、建立獎賞機制、記錄完成情況、超前完成任務和永不提高目標。

只要遵循這七個步驟，你也能在一段時間後有效改變上癮習慣，建立新的良好習慣。

03 環境的力量——為什麼只有百分之五的士兵毒癮復發

你認為下面哪種策略有助於幫助你戒掉玩遊戲的上癮習慣？（多選）

A：刪除遊戲

B：用意志力抵抗誘惑

C：自建一個興趣群組，定時討論

D：換一個群組

〈01〉

上一節的微習慣策略一定顛覆了你的認知，因為這也曾顛覆我的認知，讓我拍案叫絕。現在，我已經靠著每天堅持完成「寫五十個字」的微目標，培養出不間斷寫作的習慣，並成為一名作家。此刻，我正在為你寫我人生中的第三本書。

那麼，還有什麼方法可以進一步幫助我們擺脫上癮行為，建立更好的習慣呢？

沒錯，那就是這一小節要談的第三種力量——**環境**。

有一項調查發現，越南戰爭期間，有將近十萬美國士兵在戰場中染上毒癮，這讓時任美國總統尼克森非常擔心——所有人都能想像癮君子在毒癮發作時不計後果的破壞力，更何況他們還是身攜武器的軍人。

為了控制這種不良預期，尼克森任命研究員李．羅賓斯對這十萬人進行追蹤。然而，出乎所有人的預料，原本毒癮的平均自然戒斷率只有五％，但在這十萬人中，真正毒癮復發的士兵居然只有五％。

這當然是一件好事，但到底是為什麼呢？

羅賓斯為了研究這種反常現象背後的緣由，請專家團隊將每個影響因數做對比分析，最終，他找到了對這些士兵產生影響的核心因素：環境。

〈02〉

環境的力量之所以能產生效果，依舊離不開「觸發、行動、獎勵」的迴路模型。

對這些軍人來說，戰場的殘酷和對現實的絕望，會產生一種「還能不能看見明天的太陽」的焦慮。這種焦慮反覆刺激士兵們去使用當地唾手可得的毒品，用海洛因來麻痺自己，讓自己能在你死我活的戰場上活得痛快一點。

但回國後，每個士兵都重新投入相對安逸的生活和職業環境中，原本惡劣環境的觸發因素急遽減少。沒有「觸發」，自然就很少有人「行動」（吸毒），而沒有「行動」就不會上癮——這個迴路模型就自然而然地瓦解了。

同樣的，人們常說：「知識往往無法改變一個人，但環境可以。」這也是因為在一個學習氣氛濃郁的環境中，其中每個個體都會被其他個體觸發。當然，每個人也會成為觸發他人的人。比如，我們經常聽說學校的某個寢室是「學霸寢室」，成員個個都拿獎學金；另一個寢室則是「學渣寢室」，成員沒有最差只有更差。

這是因為，在「學霸寢室」，一位同學可能早上六點起來學習，這就觸發了另一個人五點半起床，五點半這位又觸發另一個人五點起床，最後所有人都五點起來，安靜而不失和諧地營造起濃郁的學習氛圍。

「學渣寢室」則恰恰相反，一個每天晚上往床上一躺就開始玩遊戲的室友，很可能吸引另一個人加入，其他人看到這兩位玩得不亦樂乎，也很可能跟著回應參與，最後整個寢室的同學甚至還能組成一支四人小隊，每天刷點數、衝排名。雖然這樣能在虛擬世界裡稱王稱霸，但在現實的校園生活中，他們是無法完成學業的，當然也會淪為別人眼中的「學渣」。

〈03〉

那麼，怎麼做才能利用環境，讓這股力量成為自己的助力而非阻力呢？我梳理出三種策略：

第一種策略：**遠離誘惑環境**。如同越南戰爭歸來的士兵那樣，遠離誘惑環境就是遠離那些對你產生上癮行為的觸發點。比如說，如果你想讓自己徹底擺脫手機遊戲的誘惑，最簡單的方法就是刪除帳號，刪掉遊戲。

你可能會覺得很捨不得，畢竟，這可是自己努力了好幾個月甚至幾年的心血啊。你還記得前面提到的「沉沒成本」嗎？遊戲的產品經理正是期望你投入時間和精力，讓你產生足夠的「沉沒成本」，利用每個人都有的損失趨避心理圈住你，把你的注意力、時間和金錢都交付給產品。這樣他才有DAU（每日活躍消費者數），才有購買遊戲道具的收入，他的KPI（關鍵績效指標）才能過關，年底才有可觀的年終獎金。

還記得對付「沉沒成本」的最佳策略嗎？沒錯，就是鱷魚法則：如果有一隻鱷魚咬住了你的腳，你下意識用手去掙脫，鱷魚就會再咬住你的手。你越掙扎，就有越多地方被咬住。所以，如果你發現腳被鱷魚咬住了，最佳策略就是犧牲被咬住的那支腳。

及時刪除遊戲，及時遠離誘惑環境，善加運用鱷魚法則，不輕易投入，你就往擺脫上癮的方向邁進了一步。

第二種策略：**融入積極環境**。如果你不幸身處一個每天晚上都組隊玩遊戲的寢室，或是一個上班時間抽煙喝茶、無所事事的部門，該怎麼辦？除了逃離之外，你需要認真評估自己的個性，去尋找和加入那些符合你期待的組織，讓那些組織成為你積極的觸發點。

比如，如果你喜歡讀書，可以設法找到學校裡的讀書社團，加入他們的群組。因為有些社團能提供寫書評免費獲得實體書的機會，有些甚至是有酬邀稿。

身處職場的你就算在目前的公司或部門看不到發展前景，也可以設法付費加入一些技能學習社群。這些學習社群不僅會每天觸發你學習打卡，而且群裡還藏著許多高手，這些弱連結很可能會在未來為你提供工作機會。

第三種策略：**建構自創環境**。我們說過，想要改掉上癮的壞習慣，最好的辦法就是找到一種積極的好習慣來替代。比如，刪除遊戲後，就多了很多閒置時間，這種空虛感會誘惑你重新下載並安裝遊戲。

我們要先忍住。如果一時找不到組織加入，我們也可以自創環境。每個人都有興趣愛好，你可以以自己的興趣為切入點，建構一個以興趣為連結的社群。

比如，你對怎麼說服別人這個話題很感興趣，可以在自己的社群發文，建一個說服力加強訓練營，找些評價高的書籍當素材，共讀和訓練自己的說服技巧。

又比方說，你對拍短片很感興趣，抖音APP裡面也有很多專門教人如何拍攝高品質短片的教學，同樣也可以開群組共學。

當你輸出的內容在網路上發佈並獲得按讚回應時，你就成功啟動了一個嶄新的「觸發、行動、獎勵」迴路。在這條新的迴路中，你就為自己創造了一個積極向上的環境。

〈04〉

你收穫的新知

環境之所以對上癮行為產生強大效果，仍舊源於「觸發、行動、獎勵」的迴路模型。由於在舊環境中存在大量觸發點，這就導致了人們就像進入「老鼠賽跑」遊戲一般深陷其中。

為了擺脫環境對你產生上癮的激勵，我為你介紹了三種策略，分別是：**遠離誘惑環境**、**融入積極環境**和**建構自創環境**。

期望你在運用這些策略後，能夠快速擺脫你痛恨已久的上癮行為。

04 工具的力量——番茄工作法VS.印象筆記

什麼是番茄工作法？
番茄工作法的五個步驟是什麼？
怎樣使用印象筆記讓你成為一個高效的人？

〈01〉

經過上一小節的學習，你現在已經知道環境對人的影響。在這些環境中，每時每刻都可能發生觸發。比如，中午你剛打算點開社群看看，而你周圍上進心爆棚的同事們一個個都在埋頭寫提案，這讓你立刻打消念頭，放下手機，也打開辦公軟體，看看自己的方案還有沒有需要修改的地方。

可見，環境的觸發作用不容小覷。好了，問題來了，如果你一時還沒有這樣的大環境，那要怎樣才能建構一些有著良好習慣的小環境呢？

答案正是我要向你分享的第四種力量——工具。

這裡的工具不是指工人用來做工的鋸子或老虎鉗，而是指經過大量實踐驗證的公式。這些公式不僅能讓你擺脫上癮，還能治療拖延症，甚至能幫助你建立高效習慣。

本小節要推薦給你的兩個工具分別是「一種植物」和「一種動物」。下面，我就帶你認識它們。

〈02〉

第一種工具：番茄工作法

番茄工作法出自瑞典作家史蒂夫．諾特伯格的著作《番茄工作法圖解》。這種工作法的核心作用就是幫助你解決注意力不集中和拖延症兩大問題。

番茄工作法的要素是「番茄鐘」。所謂番茄鐘，就是把你的任務列出清單，同時將工作時間按照三十分鐘為單位分段，其中前二十五分鐘專注地做清單上的任務，後五分鐘則是一次徹底的休息。

這樣，一個由二十五分鐘的專注時間，加上五分鐘休息時間所組成的三十分鐘，就稱為一個番茄鐘。

番茄鐘的方法之所以會奏效，有三個原因：

首先，這符合我們之前講的「心流」理論，二十五分鐘高挑戰和高技巧的投入，很容易讓人進入心流。

其次，工作時的二十五分鐘主要使用左腦，而休息時的五分鐘，則是右腦相對活躍的時間。

這樣張弛有度的工作法不僅科學，而且高效。

最後，當你多次練習番茄鐘工作法後，大腦就會逐漸適應這種充滿儀式感的方法，並養成習慣。

番茄工作法的具體流程其實也不複雜，可以分為五個步驟：

第一步，**計畫**。在計畫階段，你需要準備好所有待辦事項的清單、今天要做的「今日任務」清單，以及馬上要著手開始做的「當下清單」。當這三個清單都準備好時，就能進行下一步。

第二步，**執行**。在工作的二十五分鐘裡，你很可能會遭遇兩種「打斷」，一種是來自內部的打斷，比如，突然想上廁所、突然想吃點東西、突然想打開手機看看有沒有新訊息……應對這種來自內部打斷的對策，是要做好記錄，將待辦事項先擱置一旁，待會再做。

另一種打斷來自外部。比如，你的同事突然來找你、忽然電話響了、老闆忽然叫你去開會等等。除了老闆召喚這種情況你不得不停手以外，面對前兩種打斷，如果事情並非十萬火急，你都可以告訴他們，自己馬上就好，然後再重新回到工作的二十五分鐘裡。

那麼，五分鐘的放鬆階段你又能做什麼呢？最好的方法是站起來走動走動，或者倒杯水，和不忙的同事聊一聊。條件允許的話，做一段冥想就再好不過了。

第三步，**記錄**。記錄是一種回饋，你可以透過二十五分鐘推測自己究竟被打斷了幾次，是由於什麼原因被打斷的，當然，你也要記錄完成番茄鐘的次數。還記得獎勵迴路模型「觸發、行動、獎勵」嗎？完成番茄鐘的成就感會讓你愛上這種工作法。

第四步，**處理**。處理的內容自然是你記錄的資訊，有些是答應「等下去找他」的同事，有些則可能是你二十五分鐘裡的「靈光一閃」。不少時候，你可以在那些「靈光一閃」中找到絕妙的點子。

第五步，**總結**。整個執行過程到底順不順利，你是被自己內部打斷後沒忍住又玩手機去了，還是該記錄的時候沒記錄遺漏了重要的事情？又或者無法拒絕同事，破壞了自己的番茄鐘？把這些問題回顧一遍，讓自己在下一個番茄鐘裡做得更好。

〈03〉

第二種工具：印象筆記（Evernote）

印象筆記的圖示是一隻綠色大象，一款在桌機和手機同步的軟體工具，這款工具最重要的作用就是隨時隨地記錄。走路時出現的一個想法或待辦事件，都可以迅速用這款ＡＰＰ來記錄。由於是同步，等你坐到電腦前，這則記錄就在電腦上出現了。

另外，印象筆記也是配合「番茄工作法」的重要夥伴。

你可能會問，能記錄的工具無數，為什麼印象筆記是小環境「觸發問題」的良好解決方案呢？

我是以一個使用者的身份來向你分享這款ＡＰＰ。我通常會專門開一則記錄，並把標題命名為「每天三件重要的事」，然後把這則內容分成三個板塊：

最上方，**年度任務**：很多時候，我們嘴上說「不忘初心，方得始終」，但更多時候卻容易在過程中迷失方向。所以，我通常會把今年最重要的三件事寫在最上方。這樣每次打開這則記錄時，都會形成觸發，提醒我今天做的事情是否和年度任務有關，年度任務有沒有每天推進。

例如，寫這本書就是我的年度任務之一。我的計畫是每週寫兩三篇兩千五百字以上的稿子，但有時工作一忙，這件事就會偏離我的注意力。好在我養成了每天用電腦或手機打開印象筆記的習慣，這隻「大象」每次都會提醒我「年度任務要推進，勿忘」。

中間部分，**中期專案**。中期項目不是幾個禮拜就能完成的，所以也需要每天時不時地提醒自己。不過，我們有時候會發現，有些中期項目不值得去做。這時候就要果斷使用減法，重新評估並刪除，不要為了顯示戰術上的勤奮，而去選擇戰略上的懶惰。

中間以下，**週任務**。「週任務」通常是中期項目的分解，有時也是一些臨時加進來的任務。之所以用「週」而不是用「天」，是因為如果以「天」來記，每天都會有一半甚至更多的任務無法順利完成，這就破壞了「觸發、行動、獎勵」迴路裡的獎勵機制，會打擊我們完成任務的積極性。

而如果以「週」為單位來安排任務，大部分的任務能在當週順利完成。就算有少數任務沒完成，也可以安排到下一週。這個禮拜任務完成的成就感依舊能形成激勵，促使我們使用「番茄工作法」一個個完成任務，得到心理滿足感。

〈04〉

你收穫的新知

番茄工作法和印象筆記是能讓你建構良好小環境的工具，在你養成習慣後對你形成正面有效的觸發，接著讓你在「觸發、行動、獎勵」迴路中停不下來。

番茄工作法是一套有系統的工作方法，透過計畫、執行、記錄、處理和總結五個步驟，把每個三十分鐘使用得恰如其分。

印象筆記則是一款桌機與手機同步的軟體，利用我推薦的年度任務、中期專案、週任務記錄法，你也能夠擺脫上癮行為，成為高效能人士。

05 總結——四種力量幫你拿得起、放得下

就像你看到的，這本書已經臨近尾聲，這是我們最後一次總結了。

事實上，每一次總結你都可以認為是一種「觸發」，這種「觸發」以一個原理的不同角度、不同案例讓你產生更深刻的理解。而不是看完一本書，就完成了一次任務，得到空虛的獲得感。

所以，為了真正有所「獲得」，我希望你和之前一樣，和我一起回顧本章所講的四種力量，習得這四種力量，真正內化成你自己的東西。

〈01〉

第一種力量：習慣的力量

「習慣的力量」的核心，其實就是用一個新習慣代替一種舊習慣。這個辦法說來容易，做來難。原因在於要知道怎樣替換才有效，及替換的步驟是什麼。

從替換的成功率來看，最佳的策略是在「觸發、行動、獎勵」迴路中不去和「觸發」與「獎勵」較勁，而是找到能替代「舊行動」，並產生相同「獎勵感」的新行動。

對一個遊戲上癮的人來說，觸發他玩遊戲的原因，可能是上捷運後無事可做的無聊感。如果你讓他以讀電子書替代遊戲，他可能根本做不到，因為閱讀電子書無法產生類似獲得裝備的快感。

但如果讓他換成學習一件他感興趣的技能，並在學習完後打卡獲得積分，以此為基礎提升學習排名，就很可能達到相同的滿足感。用這種方式來替代玩遊戲，顯然是更高效的選擇。

替換習慣的步驟分為：

確定觸發特徵：比如是否感覺一無聊就想玩遊戲。

釐清何種獎勵：要明白玩遊戲僅是為了打發無聊的時間，還是獲得裝備後的滿足感。

尋找相同刺激：去嘗試還有哪種行動能帶來相同或相似的獎勵刺激。

新舊習慣更替：用同樣能帶來類似獎勵刺激的新習慣代替原來的上癮行為。

〈02〉

第二種力量：微習慣力量

在使用第一種力量時，很多人由於一時無法找到能產生相同或相似獎勵刺激的行動就半途而廢。此時，為了替換舊習慣，你可以使用第二種力量「微習慣力量」來樹立新習慣，這樣就會更容易實現目標。

「微習慣力量」共分為七個步驟：

第一步，**選擇習慣定目標**。貪多嚼不爛是我們時刻要記住的法則，設定目標的時候要謹記，一次目標不超過三個，最好只定一個目標。

第二步，**賦予目標意義**。比如，你可以為每天寫程式的工作賦予意義。可以假想，每天寫一行程式可能在將來讓你獲得三十萬元的年薪。這樣一來，你就有更大的動力去執行這個每日目標。

第三步，**納入日程中**。還是以寫程式為例，每天在固定時間寫程式，而且早上寫比晚上寫好，因為早上沒寫後面可以補救，晚上如果被其他事情耽擱了，當天的任務就延誤了，不利於自己獲得完成任務的成就感。

第四步，**建立獎勵機制**。上癮的核心是「觸發、行動、獎勵」迴路，在你完成每日任務後，給自己相應的獎勵能切實幫助你強化微習慣的養成。

第五步，**記錄完成情況**。記錄完成情況最直接的方式是用日曆。每天完成後在日曆的數字上打個勾，每個月拍照發一次文，以此來記錄成果，鼓勵自己繼續做下去。

第六步，**超前完成任務**。成果激勵的方法還包括超前完成任務。拿寫程式來說，既定的目標是一天寫一行，你可以每天多寫一行，這樣一天天堅持下來，到最後養成的習慣也會得到強化。

第七步，**永不提高目標**。不要覺得自己現在已經可以每天穩定寫出五十行程式就盲目提高目標。不信你試試，不出幾天，你在做任務前又會出現「想想就害怕」的情緒。永不提高目標，就是為了防止自己在已經適應的情況下再被目標嚇到退縮。

〈03〉

第三種力量——環境

不同環境存在大量不同的觸發。愛吃的人經常慫恿你和他一起點奶茶；終身學習者會邀你共讀一本書；有健身達人在身邊，會讓你不時產生鍛鍊的衝動。

利用好環境的力量，一共有三種策略：

策略一，**遠離誘惑環境**。只要桌上看得見的地方有食物，就總會被你吃掉；只要手機裡有一個遊戲APP，你總會打開它；身處一個天天死氣沉沉的辦公室，你遲早會喪失工作的鬥志。所以，要麼和周圍人一起消沉，要麼「走為上策」，找個能夠讓你奮力一搏的工作。

是的，「出淤泥而不染」之所以受人讚賞，正是由於這種現象的稀缺性。

策略二，**融入積極環境**。人的本性就是趨樂避苦，這決定了積極向上的人和環境總是少數。如果你的理性認定要走一條少有人走的路，就去找一些學習型的組織，然後加入他們的社群。

大量的環境觸發會讓你遠離上癮行為，把更多的時間和精力投入對自己真正有意義的事情中。

策略三，**建構自創環境**。如果暫時沒有找到上面這種環境，也沒有關係，因為我們可以自己創造這種稀缺的環境。我們可以吸引更多有共同志向的夥伴，彼此鼓勵，互相幫扶，成為彼此的觸發環境。

〈04〉

第四種力量——工具

工具是我們自建小環境必不可少的重要力量，透過有章法、可習得的公式，你可以讓「番茄鐘」和「印象筆記」成為你的左膀右臂。

第一種工具——番茄工作法

番茄工作法分為二十五分鐘和五分鐘兩個部分，第一部分的二十五分鐘用來專心工作；第二部分的五分鐘則是全心投入休息。

這種工作法一共分為五個步驟：

步驟一，**計畫**。準備好三個清單：所有待辦清單、今日任務清單和當下任務清單。

步驟二，**執行**。在二十五分鐘處理「內部打斷」和「外部打斷」，必要時做好記錄；五分鐘用來多走動，聊天或者冥想。

步驟三，**記錄**。除了記錄被打斷的次數，分析被打斷的原因外，還要記錄完成番茄鐘的次數，給自己成就感。

步驟四，**處理**。處理二十五分鐘階段時被打斷後產生的事項，研究一下有哪些好辦法可以防止自己被打斷。

步驟五，**總結**。回顧以上四個步驟的處理情況，思考如何在下一次做得更好。

第二種工具——印象筆記

印象筆記最大的好處是桌機與手機同步，讓你可以隨時隨地做記錄。利用印象筆記做任務管理可以分為三個部分：

最上方，**年度任務**：每次打開都能最先對你形成觸發的最重要目標，讓你「不忘初心，方得始終」。

中間部分，**中期專案**：中期項目可能會持續幾個月，可以不時提醒自己去做這件事。

中間以下，**週任務**：以一週為單位完成任務，讓自己每週都能順利完成大部分任務，產生成就感，給予大腦獎勵，讓「觸發、行動、獎勵」模型一直重覆運行下去。

〈05〉

清醒思考

擺脫行為上癮有**習慣**、**微習慣**、**環境**和**工具**這四種方法，四種方法多管齊下，從宏觀到微觀，讓你逐步養成新習慣，持續精進，直至成為更好的自己。

Chapter 9

奪回主動權，轉化「成癮」的積極意義

01 遊戲化學習——利用團隊小環境互相激發正向回饋

透過本書的學習，你已經理解了什麼是行為上癮，誘發行為上癮的六大原理，以及擺脫行為上癮的四大工具。

然而，正如硬幣有正反兩面，行為上癮同樣也有正反兩面。我們要學會將行為上癮的正面效應為我們所用，運用在一些具體場景中，讓我們的生活和工作變得更美好、更高效。

在接下來的內容中，我們需要思考這些問題：

什麼是遊戲化思維式的學習？

為什麼學習還能賺錢？

怎樣在一個中長期學習營中既能收穫知識，又能收穫友誼？

〈01〉

學海無涯苦作舟。因為「苦」，所以「學習」，這其實是一件很反人性的事情。

隨著網路的發展，知識付費類節目已經成為很多人工作之餘學習的重要工具。雖然這讓我們在零碎時間內也能高效學習，而且也降低了學習的難度，但正如我們在前面所說的，這樣學到的知識，留存率是非常低的，只有五％左右。

那麼，我們要如何提高知識留存率呢？其實不難，我們只需要靜下心來，用遊戲化的方法來學習。

如果你之前認真閱讀，一定記得我們前面講的PBL的遊戲化思維方法。由於之前我已經用了較大的篇幅詳細描述PBL，因此在這裡只做簡單回顧。

PBL中，P就是點數（Point）；B為徽章（Badge）；L則是排行榜（Ladder）。

透過有積分、有榮譽、有排行和貫穿PK的方式，就能形成一個有生命力、好玩的學習組織。所有有意願但沒耐心，覺得學習苦的人都可以加入。

當大家都加入這個學習組織後，就能形成一種團隊學習的小環境，透過這種小環境能夠引起大量觸發，促使所有同學行動。而點數、徽章以及排行榜等所營造的成就感和獎勵，就會形成我們反覆強調的「觸發、行動、獎勵」迴路。

〈02〉

你可能覺得，這種遊戲化的學習方式的確很好玩，但似乎離自己很遠。事實上，市場上已經有很多很成功的類似學習群。

參加學習的學員只需要交一筆很少的押金，比如二十元就能加入。二十元中的十五元會變成獎金池，用來獎勵認真學習的學員，另外剩下的五元則是主理該群群主的服務費。

在這場遊戲化的學習中，只要你每天認真學習群裡指定的書，輸出五十字以上的讀書筆記，就完成了當天的打卡任務，能獲得十個點數。學習群裡會有專門的人記錄每個人的完成情況和點數，每天更新排行榜。

當二十一天的學習週期結束後，獎金池裡的錢就會平分給完整堅持每天學習打卡的學員。比如，總共參加學習遊戲的有一百人，那麼獎金池裡的總獎金就是一百乘以十五，等於一千五百元，而最終完成學習的如果是五十人，那麼每個人就相當於投入二十元，最後收穫一千五百元除以五十，也就是三十元。投入少，產出多，還能真正學到東西，這樣的環境誰不愛？

不過你可能會說：如果每次我都堅持不了，難道就只能眼睜睜看著自己的錢白白扔到水裡嗎？那這種遊戲誰還會來參加啊？是的，第一次你可能的確是把錢扔水裡了，但第一次挑戰失敗的人通常都能在第二次或者第三次挑戰成功。為了養成一個良好的學習習慣，幾十元的學費又算什麼呢？

〈03〉

剛才我講的還只是非常原始的學習社群玩法，事實上，現在市場上已經出現了不少透過工具高效實現ＰＢＬ遊戲化學習的小程式。

比如，「知識圈」ＡＰＰ就是聚集這類學習組織的一個集散地。這裡面內嵌了整套ＰＢＬ思想，組織者只需要將準備好的圖文素材上傳，就能募集到與自己學習目標一致的夥伴。採用的也是點數打卡的形式，只要交押金就能參加學習，線上提交學習筆記或者心智圖即可完成打卡。

但知識圈還對點數體系做了進一步的調整，比如，連續打卡的第七天會額外增加三十點，累計打卡十天可以獲得二十點。

同時，知識圈還充分考慮了社交元素，做出點數激勵。比如，學員之間對彼此的作業按讚加一點；評論作業加兩點；分享打卡上傳加兩點；還有老師（圈主）點評加五點……當然這些行為單日的點數獎勵都有上限。

排行榜會呈現三個榜單，分別是總排行榜、上週排行榜和本週排行榜。學員能夠即時看到自己的點數排名。這種排名既是對點數高的學員精神獎勵，又是對其他學員的觸發，激勵他們認真學習，然後競相來打卡。

〈04〉

以上還只是短期學習營的做法，中長期營還有進階版。這種進階版會讓學員們分班學習，然後選出班長、學習股長和關係股長。班長負責每週召集一次班會，學習股長負責每日督學觸發，關係股長則安排收集每位學員的行業、職業、成就、期望和可以提供的資源等情況，讓學員真正的在學習中連結人際資源。

在中長期學習營中，通常還會安排期中演講比賽和期末畢業論文。演講和論文的內容都是學員利用教材裡的核心觀點結合自己的經驗、經歷寫成的。凡是參與演講比賽、寫畢業論文的學員，都能獲得較高的點數。

事實上，在有了班級概念後，ＰＫ就不在個人間進行了。比如，一期中長期學習營分為三個班，個人點數成績的總和就記為三個班各自的集體成績。當一期學習結束後，統計班與班之間的總成績，成績最高的班級全體成員就能瓜分獎金池全部的獎金。

學員們寫作業、演講、寫畢業論文，真正學好一門技能，掌握本領同時還能獲得獎學金、獲得人際資源。這種遊戲化學習，是不是讓人欲罷不能？

〈05〉

你收穫的新知

遊戲化學習是透過ＰＢＬ，充分啟動「觸發、行動、獎勵」迴路，激發個體積極性，讓你在遊戲氛圍中學習，同時還有可能收穫物質獎勵和人際資源等，可謂一舉多得。

02 遊戲化工作——用鼓勵進步的行為積分系統促發積極性

遊戲化思維在工作領域有沒有成功案例？
PBL遊戲化思維與傳統「胡蘿蔔加棍子」的管理方式相比，優勢是什麼？
PBL遊戲化思維在使用過程中有沒有需要避開的「坑」？

〈01〉

很多人在剛畢業時意氣風發，充滿幹勁，但工作沒幾年就感覺度日如年。這時候，工作彷彿變成了服勞役，每天不得不被迫起床、前往公司，做著令人厭倦的重複性機械工作。

是的，人類的天性就是趨樂避苦，很多人會有這種焦慮。人們通常會在工作三五年後出現首次職業倦怠。而且，這種職業倦怠出現後，大多數人就漸漸喪失自己的遠大目標和志向。他們也會經常去看看人力網站上的招募資訊，收到獵人頭的電話也會特別興奮，但往往沒有結果。

這是當代職場人士很難過、很沮喪的時期，尤其當自己上有老、下有小的時候，就是所謂的「中年危機」。這是很多職場人的真實寫照，他們會焦慮，會喪失前進與試錯的勇氣。

現在，這個問題也可以得到解決，解決的辦法就是我接下來要講的——**遊戲化工作**。

〈02〉

在我們眼中，遊戲和工作似乎八竿子打不著，但遊戲人人喜愛，為什麼不能和工作結合呢？

在美國作家凱文・韋巴赫和丹・杭特合著的《遊戲化思維：改變未來商業的新力量》一書中，有一個這樣的案例：

LiveOps是客服中心的外包公司利用遊戲化思維創造的一個低成本、高品質的虛擬工作平臺。一般客服中心我們都能想像：工作空間狹小，工作地點受限，還要不停忍受客戶的各種問題，需要耐著性子不厭其煩解釋很多遍相同的內容。

所以，通常來說，客服中心的人員流動率是相對比較高的。

但LiveOps改變了策略，不僅雇傭了兩萬名兼職人員，讓他們隨時隨地想上班就上班，而且還實行遊戲化機制。

LiveOps的遊戲化機制可以讓每個工作人員即時顯示自己的工作進度條、銷售轉換率等，而且還會頒發徽章給完成特定銷售任務的工作人員，並在所有人面前表揚Top sales（冠軍銷售員）。

LiveOps的這套遊戲化制度不僅提高了客服評分，減少客戶的等待時間，還提高了銷售轉換率，員工的時薪也提升到十三至十六美元不等。因此，不少人願意每天分時段「上線」工作八到十小時。

如此算下來，每個人一天有六百至九百六十元人民幣的收入，的確還不錯。難怪在國外知名求職網站Indeed中，LiveOps的綜合評分為三．八分，高於Amazon的三．六分，僅次於Netflix的三．九分。

〈03〉

在傳統工業時代，管理者們一直奉行「胡蘿蔔加棍子」的管理原則，但這種陳舊的管理方式有幾個缺點，主要是以下三點：

1：回饋的即時性很差。

2：榮譽往往只給一些優秀員工，大部分人沒有成就感。

3：員工的被觸發頻次很低。

而以上三點恰恰是PBL遊戲化思維的長處。與傳統管理方式相比，遊戲化思維的優點體現在以下這些方面：

1：點數累積過程中也有鼓勵，只要符合條件的過程就會給予獎勵，而且是即時性的。

2：虛擬的榮譽徽章雖然不是物質或金錢獎勵，但在物質豐富的時代，物質獎勵的邊際效應已經越來越低，精神獎勵反而有不錯的效果。這也是為什麼會有那麼多人熱衷於衝榜、衝黃金，獲得「王者」稱號。

3：排行榜。從年榜到季榜，從月榜到週榜、日榜，這些榜單不僅可以形成早報、午報和晚報，每天多次觸發，榜單即時更新，就連排名在尾端的員工也有機會登榜，這對他們來說是極大的激勵。

「人們往往因為自己沒做什麼而後悔，卻很少由於做了什麼而後悔。」這句金句相信很多人聽過，但為什麼還是有很多人知而不行呢？

沒錯，正如知道鍛鍊好，卻不去鍛鍊；知道讀書好，卻不去讀書一樣，都是因為缺乏動力。

而PBL遊戲化思維恰恰解決了每一個員工的動力問題，讓人在這種充滿動力和樂趣的環境下不停地行動。在為企業創造價值的同時積累更多的個人工作成果，在工作中找到更多樂趣。

〈04〉

但值得注意的是，PBL遊戲化思維也並非萬能。曾經，有一些企業懷著美好的初衷，建立以鼓勵為目標的行為點數累積系統，並把這些點數按照不同職能換算為不一樣的單價，期望透過點數與月度獎金的正相關來激勵員工做更多有效行為。

最後的結果出乎意料，在這種強烈刺激下，頭腦靈活的員工想方設法增加自己的點數，卻破壞了整體利益，導致意外層出不窮。這種異化行為出現，管理層被弄得焦頭爛額，最後只能放棄工作遊戲化專案的推進。

其實，ＰＢＬ遊戲化思維的主要目標，是為了將有趣的元素融入枯燥的工作步驟中，使員工產生工作動力，讓工作更有趣。但如果工作本身就充滿創意，ＰＢＬ就會顯得不合時宜，因為任何人做一件事情都會存在外在和內在兩種動機。

外在動機是指透過外在表揚、獎品、獎金或者榮譽等來激發行為動機；而內在動機則是指活動或行為本身給人帶來情緒上的愉悅或者心理滿足。

有一個著名的心理學故事可以說明外在動機對內在動機的影響：

一群孩子每天在空地上踢球打鬧，空地旁的心理學家不堪其擾。他反其道而行之，給每個孩子五元，請他們每天來玩。第二天，五元變成了三元，第三天三元變成了一元……

孩子們看到錢越來越少，就失去了來空地「陪他玩」的興趣，紛紛表示「這點錢，不如回家看電視」。這就是著名的「阿倫森效應」（Aronson effect，褒獎遞減效應，指隨著獎勵的減少，態度也逐漸消極）。

這和ＰＢＬ遊戲化機制有什麼關係呢？是的，ＰＢＬ就是一種外在動機，的確能激勵員工的行為，但在創意工作中，卻會讓人逐步喪失創造本身給人帶來的樂趣，讓人逐漸變得只為追求點數、徽章和排行榜而行動、工作，最終讓自己流於平庸，成為一個無聊、功利的人。

〈05〉

你收穫的新知

遊戲化思維在工作場景中的運用：在一些需要機械化勞動和員工本身行動動機不足的工作中，遊戲化思維能有不錯的效果，讓工作從無聊變得有趣，讓員工有更強的動力去工作。

但遊戲化思維也有一定的侷限。一方面，盲目運用遊戲化機制容易促使員工行為異化；另一方面，創意類勞動中，由於「阿倫森效應」的存在，遊戲化機制會讓人只盯著外在動機，反倒讓人成為一個功利、無聊和平庸的人。

03 遊戲化育兒——虛擬獎品和遊戲學習平臺點燃孩子的學習熱情

虛擬代幣怎麼操作？
怎樣利用網路小說的上癮性激勵孩子完成目標？
教育中心「學而思」是怎麼玩轉遊戲化教學的？

〈01〉

育兒不是件輕鬆的事情，有很多讓人情緒失控的瞬間。但你的情緒失控，孩子的情緒自然也跟著失控。接下來的情節就大同小異了：該做的事情被哭鬧無限推遲；你的壓力徒增，沒有自己的時間，陷入了更深的焦慮。

我們常常會想，為什麼育兒那麼難？甚至還會懷疑當初自己到底是怎麼長大的。

這些是現在家長幾乎每天都會面臨的問題。既然遊戲化可以解決學習和工作的問題，那麼，遊戲化是否也能給育兒一條明路呢？

答案顯然是肯定的。下面這三種方法分別適用於不同的場景，能夠讓你在育兒的路上輕鬆前進，從此不再做焦慮的家長。

〈02〉

第一種方法：虛擬代幣

俗話說「光腳的不怕穿鞋的」，孩子就是那個光腳的，他們手上沒有談判籌碼，所以他們最擅長的一招就是耍無賴。但是，這招不僅毫無成效，還會浪費彼此的時間。因此，我們有必要給他一些談判籌碼，讓孩子坐上談判桌，雙方和平解決問題。

但是，具體該怎麼做呢？

孩子天性愛玩，喜歡玩具，如果他看中了某款汽車模型或者布娃娃，我們不妨把這件禮物標價為十枚代幣，當他完成了一項具體的任務後，就可以在家裡的某個地方貼上一張紙，接著標記一個符號，表示孩子獲得了一枚代幣。

假如孩子表現出不良行為，比如說晚上不願早睡，那麼我們就可以告訴他這樣做的代價是什麼。

有預告的懲罰實際上是會傷人的。如此這般，小孩手上就有與你談判的籌碼了，你也就成功將孩子的思維從耍賴模式切換到了談判模式，雖然未必次次都能見效，卻已經有較大可能性引導孩子做出良好行為，遏制孩子身上出現你不願看到的行為。

無論成人還是孩子，都討厭損失，這你現在一定已經很熟悉了。是的，這就是我們之前反覆提到的**損失趨避**。比起收益，人們對損失更敏感。所以，面對損失，孩子自然也一樣。與其用獎品來激勵孩子不做某事，倒不如用損失代幣來預告不配合的後果。

這樣的話，孩子會十分珍惜自己努力換來的禮物。

〈03〉

第二種方法：收聽獎券

還記得網路小說讓人上癮嗎？沒錯，連孩子都不例外。現在有很多有聲書平臺，如喜馬拉雅，會把優秀的網路小說改編成網路廣播劇。這類產品不僅成人喜歡，孩子也很喜歡。

其實，對於家長來說，這反而是好事，因為家長有很大的操作空間。既然孩子喜歡聽，我們就可以讓孩子在規定時間內完成規定任務，這樣就可以獲得收聽獎券，運用「觸發、行動、獎勵」迴路，讓孩子養成好習慣。

比如，你希望孩子能在自己下班回來前做完某些作業，就可以與孩子約定：如果任務完成，就能獲得一張收聽獎券，用來收聽一集他喜歡的網路廣播劇。

然後，這張獎券就能在孩子晚上刷牙洗漱的時候，利用一邊洗漱一邊收聽的平行時間來兌現。這樣一來，孩子的時間也沒浪費，並能在兌現獎勵強化良好行為的同時吸收更多知識，增加你們的親子話題，可謂一舉數得。

由於收聽獎券未必能當天全部消費完畢，所以，在具體的操作過程中，一定要注意收聽獎券的視覺化。如果只是口頭約定的話，不僅會讓遊戲缺乏儀式感，還容易產生溝通誤區（如孩子說自己有三張券，你卻說只有兩張券）。

因此，你們要找一本專門的小本子，每拿到一張券就蓋一個章，每消費掉一張則用筆劃掉，表示已兌換。

〈04〉

第三種方法：付費報名一個遊戲化學習平臺

現在，已經有越來越多的少兒學習平臺意識到遊戲化的價值，開始把孩子的學習成果和點數、徽章以及排名連結在一起。

「學而思」是一家線下青少年兒童學習平臺，每次上課前，老師們都會讓孩子們在各自的iPad上做學前測驗。測驗的規則是在五分鐘裡做三道題，公佈答案前，老師會在教室前面的大螢幕上顯示孩子們的排名。排在前三名的是答案全對且速度最快的三位學生，最下方則會顯示滿分有哪幾位同學。

公佈排名和滿分是上課剛開始的一個小高潮，不僅孩子們很興奮，坐在後排的家長看到自己的小孩榜上有名也會很有成就感。

我經常看到有很多家長把排名拍下來，發到朋友圈或家族微信群裡，炫耀自己的孩子有多了不起。

不僅如此，學而思還會發點數累積卡給孩子們，可以用來兌換禮品，包括資料夾、充電器、樂高玩具等，可以說應有盡有。孩子們為了獲得點數，在課堂上會積極參與互動，盡可能去解答各種難題。

「噠噠英語」APP也是遊戲化教學的高手。除了有和其他遊戲化平臺類似的行銷手段外，孩子參加付費英語課、免費公開課都能獲得金幣。學員一個人練習單字的發音，也可以得到金幣。

有一次，我在客廳沙發上休息，突然聽到兒子在書房裡唸英語單字，雖然初期唸出的發音很是滑稽，但這小傢伙居然毫不氣餒，同一個單字唸了好幾分鐘，這讓我大為驚訝。後來，我發現了他的祕密，原來他是在賣力賺金幣呢。

那年聖誕節，兒子用在噠噠英語APP上存的金幣幫媽媽兌換了一支DIOR口紅，這讓平時嚴厲的媽媽感動了整整一個禮拜。

〈05〉

你收穫的新知

遊戲化育兒的三種方法分別是：

虛擬代幣法：以給孩子虛擬代幣獎勵的方式把孩子拉上談判桌，控制孩子的行為。

收聽獎券法：利用有聲網路小說的上癮性，引導孩子完成規定的任務，培養他們良好習慣的同時，還能充分利用他們的零碎時間，增加親子話題。

付費報名遊戲化學習平臺：在成熟的遊戲化機制中，讓孩子從「要我學」到「我要學」，激發孩子的學習動機。

如果你家有個讓你頭痛抓狂的孩子，不妨試試上述遊戲化育兒方法，讓你育兒更輕鬆、更有效。

好了，到這裡為止，整本書的內容就已經講完了，接下來就是文末的附錄。

下一小節是後記，主要介紹了我寫這本書時參考的有關書籍和知識付費專輯。

後記

「人類的目標應該是廣闊的宇宙，而不是眼前的虛擬世界。」

在我完成了《圖解・行銷心理學》和《圖解・博弈心理學》這兩本書後，我一直在思考一個問題「我的第三本書到底是什麼？」這一思考就是兩年多的時間。

最後，我終於想明白了，我想為讀者呈現的是一本能夠在這個「滑時代」有助大家清醒思考、改變習慣、實現個人成長的書。

在這期間，我閱讀和收聽了大約上百本書籍和知識付費專輯，我希望這些內容都是自己實際操作過、思考過，並切實有效的。所以，接下來我會把對這本書很有意義，在我實際使用後的確對我產生過重大影響的參考書和專輯羅列給你。

〈01〉

關於上癮背後的心理學原理

《快思慢想》《影響力》《每個人的商學院》《爆款文案》。

《快思慢想》是諾貝爾獎得主丹尼爾·康納曼的著作。我很早之前就讀這本書，這本書開啟了我對世界的嶄新認知。

我仍然記得自己當時的感受，當第一次知道大腦的運行模式會引發直覺缺陷時，我的內心十分震撼——原來世界上有那麼多事情都是反直覺的，這種感覺就好像人們第一次拿到智慧手機一樣。

從這本書開始，我一發不可收拾，致力於探索心理學原理和「眼見為實」背後的祕密。

《影響力》這本書的作者是大名鼎鼎的說服力大師羅伯特·席爾迪尼。拿到這本書時，我翻來覆去看了很多遍，每次都有不同的啟發。他的「六大影響力武器」理論對我影響深遠。之所以如此有效，是因為人們的心理世界存在著一些一觸即發的「開關」，一旦我們知道了這些開關是什麼、如何起效，這些開關的作用就會急劇降低。

《每個人的商學院》這套書源於劉潤的知識付費專輯《五分鐘商學院·基礎》和《五分鐘商學院·實戰》，後者的總銷售額超過七千萬元。

劉潤老師的這套專輯即時更新，裡面那些心理學方面的案例也都是當下新鮮的內容，滿滿都是真材實料，具有很高的知識濃度。此外，裡面的內容還特別貼近我們的生活，讀起來很親切，閱讀感很強。

《爆款文案》是關鍵明創作的一本文案寫作實操書，其中講了很多文案寫作的方法。這本書在很短的時間裡便無比熱門，成為風靡一時的暢銷書，也是我很多業內同學的案頭必備書籍。從關老師身上，我學到了系統化的文案寫作公式。

〈02〉

關於上癮

《欲罷不能》《上癮》《瘋狂成癮者》。

《欲罷不能》的作者是普林斯頓大學心理學博士、紐約大學商學院副教授亞當・奧特，他曾被評為「全世界四十位傑出的四十歲以下商學院教授」。可以說，《欲罷不能》是探究「行為上癮」的奠基之作，我在寫作本書時深受該書的啟發。

《上癮》（*Hooked*）的兩位作者分別是尼爾・艾歐（Nir Eyal）和萊恩・胡佛（Ryan Hoover）。事實上，《上癮》是一本拆解網路產品如何讓人上癮的指南，書中列出的每一步都是在分析了大量網路成功爆款產品後拆解、總結出的精華。

《瘋狂成癮者》（*Memoirs of an Addicted Brain*）的作者馬克・路易斯（Marc Lewis）頗具傳奇

色彩，因為這位加拿大心理學家和神經科學家曾經是一名「癮君子」，從高中開始就吸食大麻，和毒品進行了數十年的鬥爭。可以說，這本書是路易斯本人的一場自我救贖的再次演繹，內容幾乎都是真材實料。

〈03〉

關於認識和擺脫上癮的那些心法和技法

《輕鬆駕馭意志力》《心流》《刻意練習》《為什麼我們這樣生活，那樣工作？》《驚人習慣力》《番茄工作法》。

關於《輕鬆駕馭意志力》，很多人覺得，上癮是沒有意志力的人的失控行為，但來自史丹佛大學的健康心理學家凱莉．麥高尼格卻告訴你，意志力恰恰是最靠不住的，所有期望用意志力來擺脫上癮的想法都是緣木求魚。只有知道了為什麼意志力會失敗，才能真正學會自控。

《心流》是心理學家米哈里．契克森米哈伊的成名作。由於《心流》解釋了那種難度和自身技巧水準都剛剛好的地帶，能給人帶來十分愉悅的感覺，所以就有人拿作者米哈里的名字開玩笑，認為「Csikszentmihalyi」（契克森米哈伊）應該是「chicken send me high」（小雞讓我嗨）。不過，玩笑歸玩笑，在這本書中，人類首次如此科學和嚴謹地把「物我兩忘」的狀態描述得如此透徹合理。

《刻意練習》的作者是著名心理學家安德斯．艾瑞克森和羅伯特．普爾，這本書的內容不僅比「一萬小時定律」更合理，還有具體的步驟，能教會每個渴望成為某領域行家的人如何使用「三個F法」，成為一個厲害的人。

《為什麼我們這樣生活，那樣工作？》《驚人習慣力》和《番茄工作法》這三本書都是擺脫上癮的有效指導書，在本書中有詳細的描述，這裡就不再贅述。

關於讓人上癮的網路產品和公式

《一週賺進300萬！網路行銷大師教你賣什麼都秒殺》《流量池》《成長駭客》《小群效應》《遊戲化思維》。

《一週賺進300萬！網路行銷大師教你賣什麼都秒殺》的作者傑夫．沃克被譽為「創意型電商大師」，是亞馬遜創始人貝佐斯的創業教練。這本書中，沃克結合了席爾迪尼《影響力》一書中的相關理論，獨創出一套適合中西方的浪潮式發售序列。《爆款文案》的作者關鍵明就曾經使用這套讓人上癮的浪潮式發售模式，把一百二十九個定價為七百九十九元的線上訓練營產品在三十九秒內銷售一空，其威力和可複製性可見一斑。

《流量池》是瑞幸咖啡（luckin coffee）行銷操盤人楊飛的著作，瑞幸咖啡的高速增長可謂《流量池》一書所述理論的行銷實踐，書中的內容無論是品牌符號強化還是拉新裂變，都讓人印象深刻，堪稱生產讓人上癮的網路產品和模式的教科書。

《成長駭客》的作者是「WiFi萬能鑰匙」APP的產品經理范冰。成長駭客的需求源於網路下半場的矛盾——流量越來越貴和網路產品強烈需求持續增長。而AARRR成長駭客模型顯然是這個矛盾的解藥。

《小群效應》中有很多是作者徐志斌對社群的獨到見解，著名的「三近一反」理論（地域相近、興趣相近、年齡相近、性別相反）就出自這本書。《小群效應》洞悉了微信群裡讓人上癮的隱形力量，講清楚了身在其中者自己也說不清、道不明的消費者行為習慣和運營規律。

《遊戲化思維》這本書其實還有一個副標題——改變未來商業的新力量，作者是華頓商學院的副教授凱文．韋巴赫和丹．杭特。我經常提及的「PBL遊戲化」概念就出自這本書。遊戲化思維讓消費者樂在其中，具有席捲全球的必然趨勢。

其他

《斗羅大陸》《鬥破蒼穹》《羅輯思維》。

《斗羅大陸》是唐家三少最著名的一個IP。我讀唐家三少的作品可以說已十年有餘，他的書幾乎陪伴了我不同的階段。現在，我正在和兒子一起讀《斗羅大陸2》，書中對戰鬥場面和鬥爭對手的描寫讓人欲罷不能。

《鬥破蒼穹》的作者是天蠶土豆，他特別擅長描寫「升級打怪」的故事。這本書裡面有九個不同的等級，加上「異火」的元素和一眾女子的愛恨情仇，可以說是國內研究行為上癮的典型範本。

《羅輯思維》——每個人都有覺醒的時刻，我的覺醒就是從在喜馬拉雅上聽《羅輯思維》開始的。我認為自己是《羅輯思維》的上癮者，從二〇一三年首次聽到「羅胖」的知識脫口秀，到現在自己成為知識行業的服務者，這種「上癮」帶給我的是人生的蛻變。

Time to say good bye

後記的內容既是一篇類似於「參考文獻」的附錄，又是我這一路走來對這些書籍、專輯的一個回顧。

這本書已經接近尾聲，我也不打算繼續使用蔡格尼效應讓你對「下一小節」的內容產生興趣。當然，你可以關注我的公眾號「三米河」和我做更深入的討論。

最後，我想用《三體》的作者劉慈欣說過的一句話來結束本書：

離開享樂的溫床，把我們的眼睛從各種螢幕上抬起來。

人類的目標應該是廣闊的宇宙，而不是眼前的虛擬世界。

亞當斯密 003

行為上癮

從心理學、經濟學、社會學、行銷學的角度，完全解析智能社會下讓你入坑、欲罷不能、難以自拔的決策陷阱。

作者　何聖君

堡壘文化有限公司
總編輯　簡欣彥
副總編輯　簡伯儒
責任編輯　簡欣彥
封面設計　周家瑤
內頁構成　李秀菊

出版　堡壘文化有限公司
發行　遠足文化事業股份有限公司（讀書共和國出版集團）
地址　231新北市新店區民權路108-3號8樓
電話　02-22181417　傳真　02-22188057
Email　service@bookrep.com.tw
郵撥帳號　19504465遠足文化事業股份有限公司
客服專線　0800-221-029
網址　http://www.bookrep.com.tw
法律顧問　華洋法律事務所　蘇文生律師
印製　呈靖彩印有限公司
初版1刷　2020年11月
初版5刷　2023年11月
定價　400元
ISBN　978-986-99410-4-4

國家圖書館出版品預行編目（CIP）資料

行為上癮：從心理學、經濟學、社會學、行銷學的角度，完全解析智能社會下讓你入坑、欲罷不能、難以自拔的決策陷阱。／何聖君著. -- 初版. -- 新北市：遠足文化事業股份有限公司 堡壘文化, 2020.11
面；　公分. --（亞當斯密；7）
ISBN 978-986-99410-4-4（平裝）
1.決策管理　2.行為心理學
494.13　　109016852